Excel

效率手册 早做完,不加班

(图表篇)(升级版)

陈锡卢 郑晓芬 著

U0307521

清华大学出版社
· 北京 ·

内 容 简 介

　　这是一本有趣的Excel图书，基于芬子的职场与学习经历改编而成！通过解答同事问题的形式讲解Excel中的图表，让您在轻松、愉快的环境中学到各种图表技能。

　　享受Excel，远离加班，享受更多生活，享受更多的爱！跟着芬子前行，Excel图表的疑难数据、展示与美化等问题都将得到稳妥的解决。本书从第1章的图表初体验开始，讲解最基础的单一柱形图、折线图、饼图，以及各种2016新增的图表开始；到第2章的组合图表，利用一个图表展示多个图表类型，使一个图表可以展示更多数据与属性；第3章数据重排，利用数据重新排列，形成一些更具风格的图表；第4章浅谈了Excel中的迷你图与透视图，由于这部分比较简单，所以内容稍微少一些；第5章使用函数与条件格式制作各种单元格图表，这类图表可以跟表格一起展示，给表格添加色彩，数据多的时候，这种方式百试百灵；最后我们还是没有忘记Excel中的交互式图表，这也是很多人想学习的耍帅技能。整本书循序渐进，案例丰富，让您能够更加有效地学习图表技能。通过学习本书能有效帮助职场新人提升竞争力，也能帮助财务、品质分析、人力资源管理等人员解决实际问题。

图书在版编目(CIP)数据

Excel效率手册　早做完，不加班（图表篇）（升级版）/ 陈锡卢，郑晓芬著. —北京：清华大学出版社，2019
ISBN 978-7-302-51418-3

Ⅰ. ①E… Ⅱ. ①陈… ②郑… Ⅲ. ①表处理软件—手册 Ⅳ. ①TP391.13-62

中国版本图书馆CIP数据核字(2018)第242152号

责任编辑： 魏　莹
封面设计： 刘亚龙
责任校对： 王明明
责任印制： 沈　露

出版发行： 清华大学出版社
　　　　网　　　址：http://www.tup.com.cn，http://www.wqbook.com
　　　　地　　　址：北京清华大学学研大厦A座　　　　　　邮　　编：100084
　　　　社 总 机：010-62770175　　　　　　　　　　　　邮　　购：010-62786544
　　　　投稿与读者服务：010-62776969，c-service@tup.tsinghua.edu.cn
　　　　质 量 反 馈：010-62772015，zhiliang@tup.tsinghua.edu.cn
印 装 者： 小森印刷（北京）有限公司
经　　销： 全国新华书店
开　　本： 180mm×210mm　　　　　　**印　张：** 11.75　　　　　**字　数：** 360千字
版　　次： 2019年1月第1版　　　　　　**印　次：** 2019年1月第1次印刷
定　　价： 59.00元

产品编号：078722-01

推荐序

芬子老师是我在EH《图表之美》学习班的助教，学习期间芬子老师经常将她所知道的图表技巧毫不保留地教给我们。该书是芬子老师多年图表作品中的精华，用职场中最平常的例子，妙趣的语言，由浅到深地描述了各类图表的应用场景及制作技巧。内容图文并茂，步骤详细，教会你什么样的数据用什么样的图表，让你的图表与众不同又简单明了。

学员
donata

我们都知道图表在工作中能够直观形象地反映出数据差异、构成比例及变化趋势的优点，增强数据报表的可读性及视觉效果，但想要做出一个闪亮的图表，我想你还需要学习。本书将从图表的类型、构成、配色等角度以趣味、生动的方式教你如何完成一个个闪亮的作品，让你的数据报表更加引人注目。让我们跟着图表女神一起进入图表世界吧！

学员
紫星

我们普通人对于一长串数据真的很难去记忆并快速寻找到规律，而图画、曲线是另一种数据的展示方式。书中实用的案例，详细的步骤，知识点层层推进，适合新手阅读。图表可以帮助我们快速寻找到数据特点、规律，无疑是数据分析的好帮手。

学员
大红花

本书结合实际案例，由浅入深地讲解了各类基础图表的做法，更有各种数据分离、数据构造、占位符、动态图表等众多高级图表详细制作方法，不管是新手还是老手均能受益颇深。全书条理清晰，实例讲解可操作性强，如果想学习业界优秀的图表、高技术含量图表的制作方法，本书就是你的不二选择。

E粉
user

看完此书，只能用神乎其技来形容芬子的图表功力——从没想到Excel能画出如此美轮美奂的图表。

书中无论是对话还是图表配色，都和芬子平时的作风很相像，有着浓浓的小清新气息；构图思路的巧夺天工，又让人不禁会想这个小女生的脑袋瓜里到底还装了多少没有溢出来的才华。

难得有一本和Excel有关的书，摆脱了数据的枯燥，褪去了死板和严肃的风格，还能精准地呈现数据的含义，精致得让人不得不用在工作报告中装高大上。

只要你看了，我敢保证，任何用到图表的时候，你都会情不自禁地去翻阅它找方法、寻灵感。

EXCEL精英培训管理团队成员
公众号《EXCEL女生的故事》创始人
王婷婷

前言

时间对每个人都是公平的，你善待于它，它便会给你丰足的反馈。

2013年芬子初到深圳，车水马龙、高楼林立、应接不暇，当时的芬子就暗暗在心底埋下了一颗种子——一定要在这座城市有一席之地。怀揣着梦想，投出了第一份简历，得到了行政文员的面试机会，但对Excel有一定的要求，面试就需要上机做题，回忆起当时手忙脚乱的样子，不由一笑。当时芬子的水平只会加边框、往里面输入内容，然后简单排版的那种，手足无措之下找到了一个Excel交流群，一位热心的朋友，悉心地教了芬子一些应对的公式，而芬子却不知道公式如何套用，结果可想而知，第一次面试搞砸了，由此，在Excel领域，芬子获得了第一个外号"小白芬"。

芬子并未由此放弃，心里的种子反而在慢慢地生根发芽。

愿意给予帮助的朋友浇灌了芬子心里的那颗种子，芬子不能辜负自己，更不能辜负朋友，自此，芬子开始沉迷于Excel不能自拔，公式一个一个地分解，图表一个一个地复盘，无时无刻、没日没夜地努力钻研，厚积而薄发，终于，时间的沉淀让芬子有了质的飞跃，感谢老师们的一路陪伴，芬子从"小白芬"慢慢蜕变成了"大白芬"。

小嫩芽也在不断成长，机会也总是会留给有准备的人。

偶然的机会，在潇潇的引荐下让芬子结识了卢子，出书的计划应运而生。整本书从构思、排版、反复地推敲内容到成书，前后历时了3个多月，有了芬子第一本书《Excel效率手册早做完，不加班（精华版 图表篇）》的问世，芬子看着包装精美的

图书，想象着通过学习本书的知识可以帮到更多的人，内心的欣喜无以言表，也更加激励着芬子。第一本书上市后，销售成绩很好，读者反馈也不错，给了芬子继续写书的力量。本次《Excel效率手册 早做完，不加班（图表篇）(升级版)》在内容的组织上吸收了第一版的经验，案例选择更倾向于简单，操作步骤的讲解更详细，所有步骤图片均配有操作提示。希望看到本书的你可以每个技巧都学会并能举一反三，应用到工作中去，让你的工作更高效，报表不单一。

多年来一刻不停地努力改变，突破自我，回想起这一路的艰辛，生活并没有辜负芬子的付出，给了芬子丰厚的回报，越努力的人会越幸运，我要感谢那个"芬子"，曾经的那个我，那个一直努力着的我。

最后，还要感谢本书的参与者：马帅、郑晓莉、利颖欣、杜建丰、岳哲、郑晓莹、李文年、肖振振、孔德阳、孙一星、郑光烨、李施婷，希望通过这本书的分享帮助到更多的正在努力着的你们。

编　者

目录
CONTENTS

第1章
图表初体验

第2章
组合图表

第3章
数据重排

第5章

函数与条件
格式

第4章

迷你图与
透视图

第6章
交互式图表

{第1章}

图表初体验

入职第一天，同事们就给我起了个称号"Excel女王"，我感到好惊讶，心想：难道他们知道我的微博昵称叫"Excel图表女王"？我没这么出名吧？一问才知道，原来是他们自己给我起的称号。

好吧！为了不负使命，也为了不负这么霸气的称号。从此部门各种"电脑"问题都由我来解决。我扮演着部门"技术支持"的角色，虽然我只会一点点Excel。

1.1 多层柱形图

楠楠（部门小花旦，应届毕业生），Excel纯小白，但是很好学。

这不，问题来了，楠楠给我发来了一个表，如图1-1所示。

	A	B
1	业务员	10月
2	李翔	89
3	肖月月	75
4	黄英利	67
5	郑晓	55
6	陈颖	35
7		

图1-1　数据源

楠楠：芬，这个数据我想做一个图表，要放到PPT里面，怎么做才好看呢？就是那种看起来很好看的那种啊，你懂不？

我：这数据挺简单的，做什么图表都能很好看啊。

楠楠：是吗，大神姐姐，快帮帮我，我的报告今天下班就要交的。

我：就做一个柱形图，然后把柱形图每个柱子都设置不同颜色就好了。

STEP 01 　选择A1:B6单元格区域，单击"插入"选项卡，在"图表"功能组中单击"插入柱形图或条形图"命令，选择"簇状柱形图"，如图1-2所示。

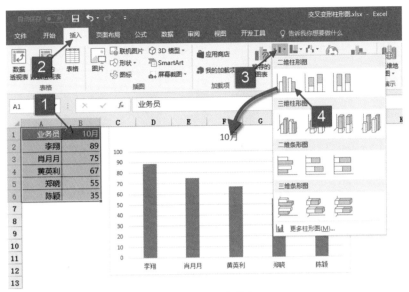

图1-2　插入柱形图

STEP 02 　单击图表柱形，再次单击其中一个柱形可以单独选中，按**Ctrl+1**组合键调出"设置数据点格式"选项窗格，切换到"填充与线条"选项卡，设置"填充"为纯色填充，并设置"颜色"，如图**1-3**所示。

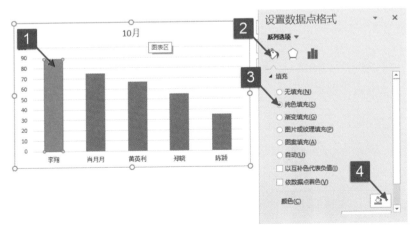

图1-3　设置柱形图格式

同样的方式设置其他柱形，设置后效果如图1-4所示。

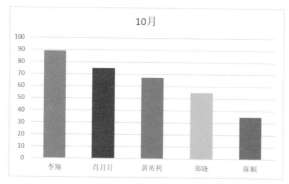

图1-4　设置填充后效果

STEP 03 单击图表区，在"设置图表区格式"选项窗格中切换到"填充与线条"选项卡，设置"边框"为无线条，如图1-5所示。

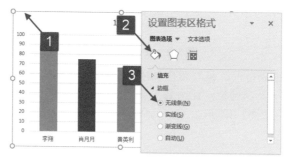

图1-5　设置图表区格式

STEP 04 单击图表任意一个系列，在"设置数据系列格式"选项窗格中切换到"系列选项"选项卡，在"系列选项"选项下设置柱形图的"间隙宽度"为60%，如图1-6所示。

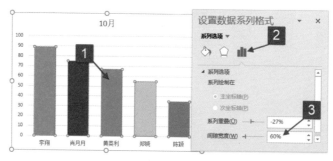

图1-6　设置数据系列格式

STEP 05 ❖ 单击图表标题，再次单击可以进入标题编辑状态，在标题文本框中输入"10月份各业务员销售业绩对比"作为图表标题。

STEP 06 ❖ 选中图表区，单击"开始"选项卡，设置图表中的"字体"为微软雅黑，"字号"为9，"颜色"为灰色。

单击选中图表标题，设置"字号"为14，设置后效果如图1-7所示。

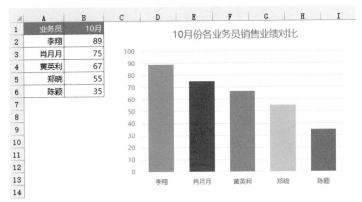

图1-7　多彩柱形图

楠楠：哇，突然觉得自己笨笨哒，我赶紧去完善一下，然后交报告去。

1.2 堆积柱形图

楠楠：啊，我又来了，我有个数据，领导说要突出年与年、分类与分类之间的对比，我做成这样（如图1-8所示），感觉不够突出，也不好看，该怎么做才好呢？

我：我真不想吐槽你的图表，真的。

楠楠：哈哈，知道丑所以来请教你嘛，我怕发给领导后，领导叫我去办公室喝茶。

我：其实这个数据，用堆积柱形图来做就可以达到你想要的年与年、分类与分类的对比，而且稍微设置一下就比你这个好看一百倍。

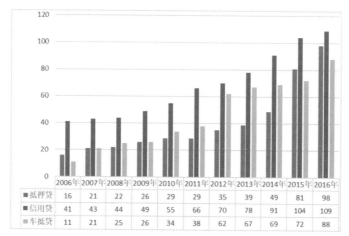

图1-8　楠楠的图表

STEP 01 选择A1:D12单元格区域，单击"插入"选项卡，在"图表"功能组中单击"插入柱形图或条形图"命令，选择"堆积柱形图"，如图1-9所示。

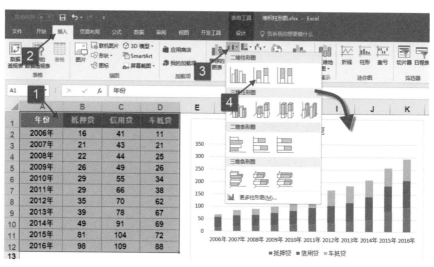

图1-9　插入堆积柱形图

STEP 02 单击图表任意一个系列，按Ctrl+1组合键调出"设置数据系列格式"选项窗格，切换到"系列选项"选项卡，在"系列选项"选项下设置柱形图的"分类间距"为100%，如图1-10所示。

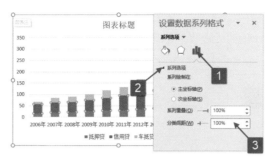

图1-10　设置分类间距

STEP 03　单击"抵押贷"列,在"设置数据系列格式"选项窗格中切换至"填充与线条"选项卡,设置"填充"为纯色填充,"颜色"为深灰色,如图1-11所示。

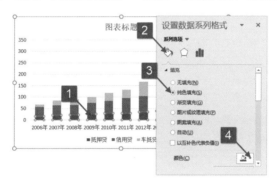

图1-11　设置系列填充

同样的方式分别完成设置"信用贷"列、"车抵贷"列填充颜色为"浅灰色""蓝色",效果如图1-12所示。

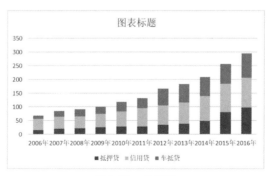

图1-12　效果图

STEP 04 双击图表纵坐标轴，调出"设置坐标轴格式"选项窗格，切换到"坐标轴选项"选项卡，设置坐标轴的"边界"最小值为0，最大值为300，如图1-13所示。

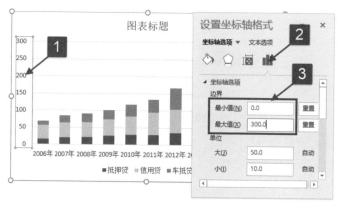

图1-13　设置坐标轴边界

> **注意**
>
> 设置边界的时候，Excel 2013版本或以上的版本，必须重新输入值，旁边的按钮变成"重置"才算是固定值。按钮默认为"自动"，表示数据变化，刻度值会跟着变化，在一些特殊情况下，"自动"边界会导致图表变形。

STEP 05 单击图表区，调整图表长宽比，调整后效果如图1-14所示。

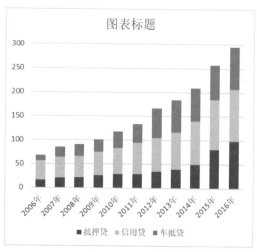

图1-14　调整后效果

STEP 06 ⚬ 双击图表横坐标轴，调出"设置坐标轴格式"选项窗格，切换到"对齐方式"选项卡，设置"文字方向"为竖排，如图1-15所示。

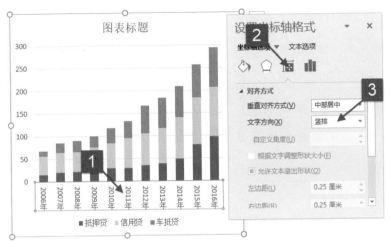

图1-15　设置文字方向

STEP 07 ⚬ 单击图表网格线，在"设置主要网格线格式"选项窗格中，切换到"填充与线条"选项卡，设置"线条"为实线，"颜色"为浅灰色，如图1-16所示。

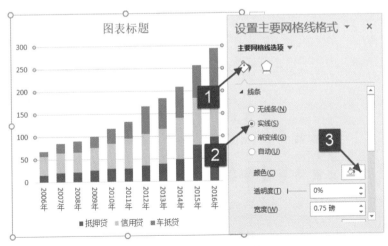

图1-16　设置网格线格式

STEP 08 ⚬ 单击图表区，在"设置图表区格式"选项窗格中，切换到"填充与线条"选项卡，设置"填充"为纯色填充，"颜色"为浅灰色，设置"边框"为无线条，如图1-17所示。

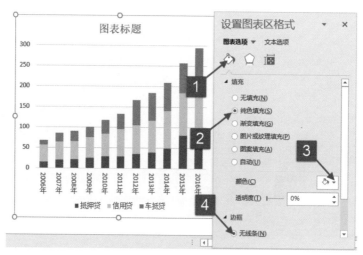

图1-17　设置图表区格式

STEP 09 单击图表区，在快速选项按钮中单击"图表元素"，在下拉列表中取消勾选"图表标题"复选框，勾选"数据标签"复选框，取消勾选"图例"复选框，如图1-18所示。

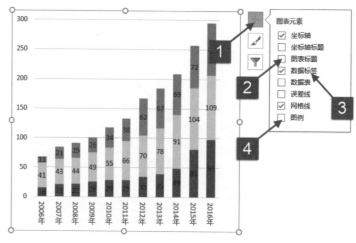

图1-18　设置图表元素

STEP 10 选中图表区，单击"开始"选项卡，设置图表中的"字体"为微软雅黑，"字号"为9，"颜色"为灰色。再分别设置"抵押贷"列、"车抵贷"列数据标签字体颜色为白色，设置后图表效果如图1-19所示。

　　这样一个图表基本就完成了，就差添加图表的说明文字了，这里建议使用"插入"选项卡里面的"形状"，使用文本框与图形来制作说明文字。

　　要注意的是，选中图表后，在"插入"选项卡中单击"形状"选项，单击"文本框"命令，在图表区内绘制一个文本框，输入文字"信用贷放款金额最高"作为图表标题，如图1-20所示。这种方式插入的形状，与图表是一体的，与图表属于同一个对象。

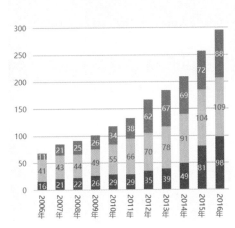

图1-19　设置图表字体

信用贷放款金额最高

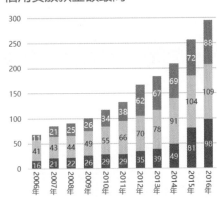

图1-20　插入文本框制作图表标题

　　如果在没有选中图表的情况下，插入的形状为单独的对象。

　　最后采用同样的方式，插入一些形状，制作图例与单位说明，最终效果如图1-21所示。

　　楠楠：效果真的比我之前的图表直观又漂亮了，可是有个问题不太懂，为什么不用默认的图表标题，要插入文本框来做呢？还有那个图例，为什么要自己做，不用默认的？

　　我：默认的图表标题文字多了会自动换行，调整的时候不好调整，所以我比较提倡用文本框来做图表标题。图例的话，你看我在图表里面画了一个圆，把图例放在上面了，这样看起来会比

信用贷放款金额最高

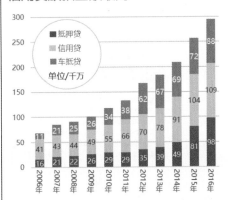

图1-21　堆积柱形图

较好看，而如果用默认的图例，就无法将图例放置到圆形上。当然如果觉得这样太麻烦，你可以去掉圆的装饰，直接用默认的图例。

楠楠：嗯，原来是这样啊，我觉得有个白色圆做装饰挺好看的。原来图例还可以自己制作，感觉又学到新技能了。

我：没有什么是不可以自己做的，我们并非一定要用图表默认的东西，适当地换一换效果挺好的。

楠楠：对了，上面那个堆积柱形图，数据一年比一年多，那样做起来的图表看起来挺舒服的，但是有时候数据大小不一，不是这么规律，插入的图表也会长短不一，那应该怎么给图表排序呢？

我：其实图表系列长短是根据数据大小而变化的，如果我们对数据源进行改变，图表也会跟着变化的，所以要对图表排序，其实就是对数据进行排序。举个例子，如图1-22所示，左边是乱的，右边是排序的，看起来是不是就很舒服了。

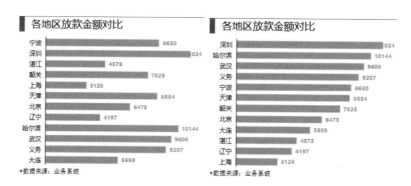

图1-22　效果对比图

楠楠：嗯，右边这个图表对比很直观。那我应该怎么做呢？

我：只要对数据排一下序就好了。

STEP 01 右击数据区域任意一个单元格，在快捷菜单中依次选择"排序"→"升序"命令，如图1-23所示。

图1-23 排序

STEP 02 选中排序好数据的单元格区域A2:B14，单击"插入"选项卡，在"图表"功能组中单击"插入柱形图或条形图"命令，选择"簇状条形图"，如图1-24所示。

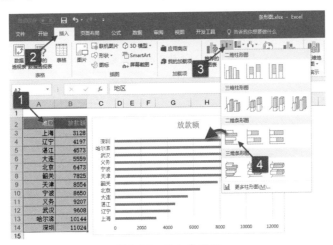

图1-24 插入条形图

STEP 03 单击图表区，在快速选项按钮中单击"图表元素"，在下拉列表中取消勾选"图表标题"复选框，勾选"数据标签"复选框，取消勾选"网格线"复选框，取消勾选"坐标轴"中的"主要横坐标轴"复选框，如图1-25所示。

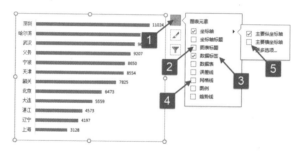

图1-25　设置图表元素

STEP 04 单击条形图系列，按Ctrl+1组合键调出"设置数据系列格式"选项窗格，切换到"系列选项"选项卡，设置数据系列的"分类间距"为60%，如图1-26所示。

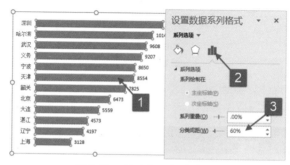

图1-26　设置条形间隙宽度

切换到"填充与线条"选项卡，设置系列的"填充"为纯色填充，"颜色"设置为土黄色，如图1-27所示。

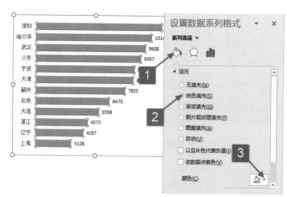

图1-27　设置系列填充

STEP 05 单击数据标签，在"开始"选项卡中设置数据标签的"字体""字号"和"颜色"。

　　最后单击图表，按住Alt键拖动图表，可以将图表快速地对齐到单元格，然后直接在单元格中输入文本"各地区放款金额对比"作为图表的标题，然后调整单元格列宽与行高，设置单元格填充与边框线作为图表的装饰，效果如图1-28所示。

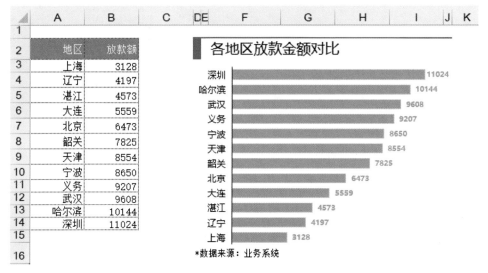

图1-28　效果图

　　楠楠：啊啊啊啊！我又有几个问题不明白。

　　第一：不是最大的在上面吗，不是应该降序吗，为什么是升序呢？然后图表好像也没错。

　　第二：这样排序后，如果数据有变动，就得再次对数据进行排序，对吗？

　　第三：为什么又用单元格做图表标题了呢？Alt键是将图表跟单元格边框进行对齐的快捷键吗？

　　我：

　　第一：因为条形图分类轴默认与数据是相反的，所以使用升序，就可以不用再去设置条形图坐标轴"逆序类别"了，如图1-29所示。

　　第二：是的，手动排序的数据，如果更改，就需要再次排序，如果想自动排序，需要用函数对数据进行排序。

　　函数构建数据，如图1-30所示。

图1-29　坐标轴逆序类别

	A	B	C	D	E	F
1						
2	地区	放款额		识别重复	地区	放款额
3	上海	3128		3128	上海	3128
4	辽宁	4197		4197	辽宁	4197
5	湛江	4573		4573	湛江	4573
6	大连	5559		5559	大连	5559
7	北京	6473		6473	北京	6473
8	韶关	7825		7825	韶关	7825
9	天津	8554		8554	天津	8554
10	宁波	8650		8650	宁波	8650
11	义务	9207		9207	义务	9207
12	武汉	9608		9608	武汉	9608
13	哈尔滨	10144		10144	哈尔滨	10144
14	深圳	11024		11024	深圳	11024
15						

图1-30　函数构建数据

识别重复的公式为：

=B3+ROW()/100000

为了避免数据重复，导致获取分类名称时分类名称错误，所以使用"放款额"加上当前行号/100000得到一个很小的小数点，使所有数据不重复来避免数据获取时错乱。

放款额的公式为：

=SMALL($D$3:$D$14,ROW(A1))

对识别重复数据列进行从小到大排序。

地区的公式为：

=INDEX($A$3:$A$14,MATCH(F3,$D$3:$D$14,))

用MATCH函数查找放款额排序后的数据在原始数据源中为第几行，用INDEX函数获取分类名称。

这样使用排序后的地区、放款额，也就是E2:F14单元格区域来制作图表，数据源A2:B14区域数据有变化，图表也会跟着变化。

第三：有时候用单元格来做图表标题更方便，而且使用单元格做一些装饰也是很方便的。 Alt键是将图表跟单元格边框进行对齐的快捷键，在工作表中制作图表，这个快捷键使用是非常频繁的，一定要掌握哦。

　　楠楠：感觉每天都学到满满的干货。我要把这些技能用起来。太爱你了，今天学了这么多，明天给你带早餐。

1.4 长分类标签图表

　　楠楠：我发现有个问题，就是我的分类项目很长的时候，使用柱形图怎么调整都很难看，那个分类轴总是倾斜的。

　　我：这种情况你可以考虑使用条形图制作啊，如图1-31所示，数据是从经济学人图表中摘取来的，分类标签也是很长的，但是使用条形图就很好地避免了分类中标签显示不好的尴尬。

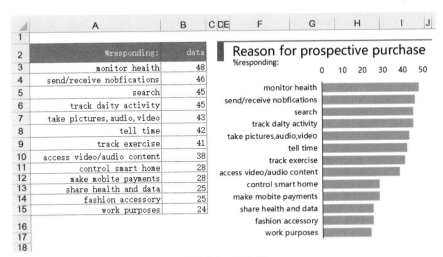

图1-31　效果图

　　数据同样经过排序，这样看起来图表也很整齐。

　　STEP 01　选中数据A2:B15单元格区域，单击"插入"选项卡，在"图表"功能组中单击"插入柱形图或条形图"命令，选择"簇状条形图"，如图1-32所示。

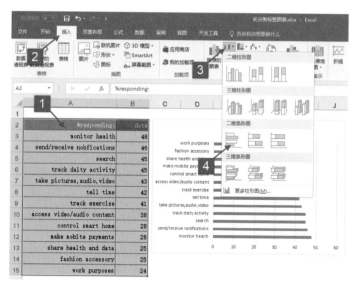

图1-32　插入条形图

STEP 02 单击图表区，在快速选项按钮中选择"图表元素"命令，在列表中取消勾选"图表标题"复选框，取消勾选"网格线"复选框，如图1-33所示。

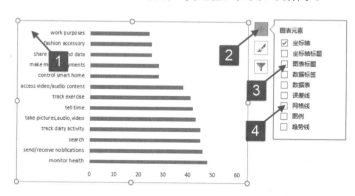

图1-33　设置图表元素

STEP 03 单击条形图系列，按Ctrl+1组合键调出"设置数据系列格式"选项窗格。切换到"系列选项"选项卡，设置数据系列的"间隙宽度"为40%。切换到"填充与线条"选项卡，设置系列的"填充"为纯色填充，"颜色"设置为土黄色，如图1-34所示。

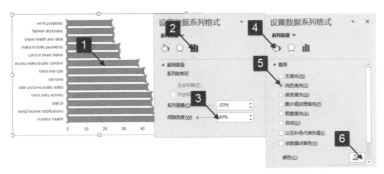

图1-34　设置系列填充

STEP 04　单击纵坐标轴，在"设置坐标轴格式"选项窗格中切换到"坐标轴选项"选项卡，勾选"逆序类别"复选框，如图1-35所示。

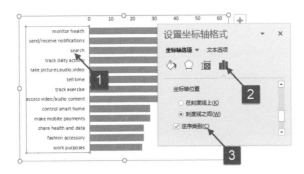

图1-35　设置逆序类别

单击横坐标轴，在"设置坐标轴格式"选项窗格中切换到"坐标轴选项"选项卡，设置坐标轴"边界"的"最小值"为0，"最大值"为50，如图1-36所示。

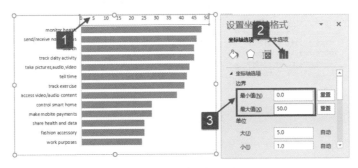

图1-36　设置横坐标轴边界

STEP 05 单击图表的图表区，在"设置图表区格式"选项窗格中切换到"填充与线条"选项卡，设置"填充"为无填充，"边框"为无线条，如图1-37所示。

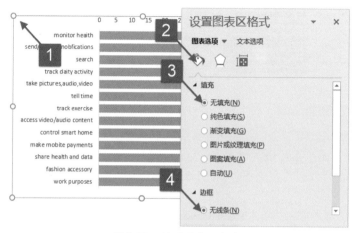

图1-37　设置图表区格式

最后与上面的条形图一样，设置单元格，将图表与单元格和文本框排列，效果如图1-38所示。

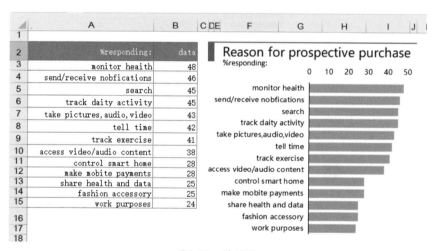

图1-38　效果图

楠楠：嗯，好的，那以后分类比较长的我直接用条形图就好了，这样看着比较直观。

我：以后再告诉你其他方式，先学会简单的吧。

1.5 堆积条形图

楠楠：姐姐我又来了，不要嫌弃我，像这样的数据，我想看下两年三个地区的占比，是不是做两个饼图就可以呢？数据如图1-39所示。

	A	B	C	D
1				
2	月份	深圳	珠海	广州
3	2015年	48%	17%	35%
4	2016年	39%	30%	31%
5				

图1-39　数据源

我：做两个饼图是可以的啊，不过要是你年份多的话，那不是要做好多个饼图？而且每个都是独立的，地区之间的年份做对比就看不出来了。所以这样的数据，你可以考虑使用百分比堆积条形图或者百分比堆积柱形图。我先跟你讲讲百分比堆积条形图的制作方式吧，之后你就可以自己尝试制作出百分比堆积柱形图了。

STEP 01 选中数据A2:D4单元格区域，单击"插入"选项卡，在"图表"功能组中单击"插入柱形图或条形图"命令，选择"百分比堆积条形图"，如图1-40所示。

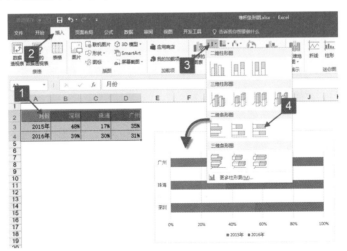

图1-40　插入百分比堆积条形图

STEP 02 单击选中的图表，在"图表工具"中单击"设计"选项卡，选择"切换行/列"命令，将两个系列的条形图切换为三个系列的条形图，如图1-41所示。

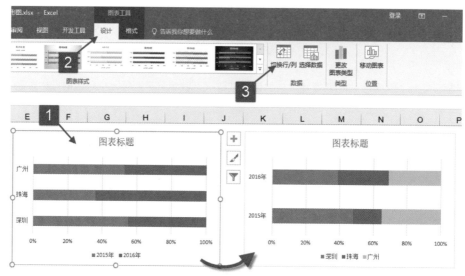

图1-41 切换行/列

STEP 03 双击图表纵坐标轴，调出"设置坐标轴格式"选项窗格，切换到"坐标轴选项"选项卡，在"坐标轴位置"中勾选"逆序类别"复选框，如图1-42所示。

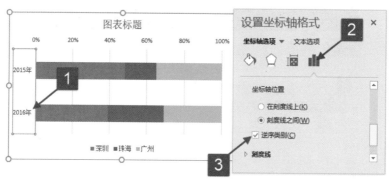

图1-42 设置逆序类别

STEP 04 单击图表任意一个系列，在"设置数据系列格式"选项窗格中切换到"系列选项"选项卡，在"系列选项"选项下设置条形图的"分类间距"为**50%**，如图1-43所示。

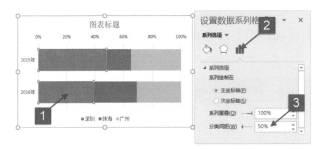

图1-43 设置分类间距

单击图表中的"深圳"数据系列，在"设置数据系列格式"选项窗格中切换到"填充与线条"选项卡，设置"填充"为纯色填充，"颜色"为土黄色，如图1-44所示。

同样的方式设置其他数据系列的填充选项，设置后效果如图1-45所示。

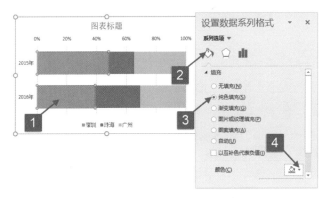

图1-44 设置"深圳"数据系列填充方式

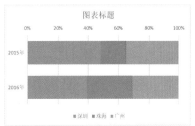

图1-45 所有系列填充后的效果

单击图表区，在快速选项按钮中单击"图表元素"，取消勾选"坐标轴"中的"主要横坐标轴"复选框，取消勾选"图表标题"复选框，勾选"数据标签"复选框，取消勾选"网格线"复选框，如图1-46所示。

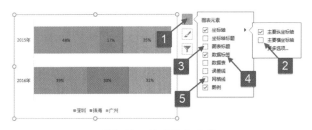

图1-46 设置图表元素

STEP 07 ✤ 单击图表区，在"图表工具"中单击"设计"选项卡，单击"添加图表元素"按钮，在下拉菜单中依次选择"线条"→"系列线"命令，给图表系列之间添加连接线，如图1-47所示。

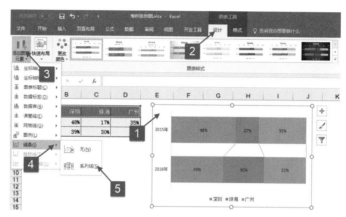

图1-47 添加系列线

STEP 08 ✤ 双击图表区，调出"设置图表区格式"选项窗格，切换到"填充与线条"选项卡，设置"填充"为无填充，设置"边框"为无线条，如图1-48所示。

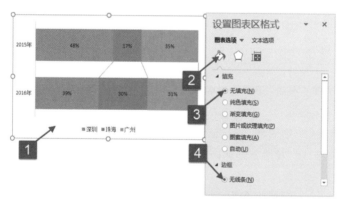

图1-48 设置图表区格式

STEP 09 ✤ 单击图表纵坐标轴，在"设置坐标轴格式"选项窗格中切换到"填充与线条"选项卡，设置"线条"为实线，"颜色"为橘色，如图1-49所示。

单击图表系列线，在"设置系列线格式"选项窗格中切换到"填充与线条"选项卡，设置"线条"为实线，"颜色"为橘色，如图1-50所示。

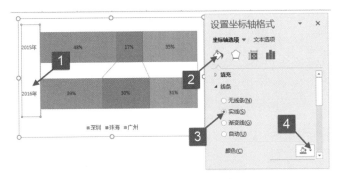

图1-49　设置纵坐标线条

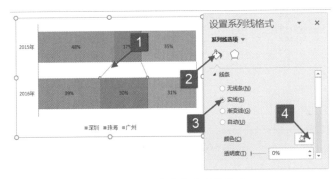

图1-50　设置图表系列线格式

STEP 10 选中图表区，单击"开始"选项卡，设置图表中的"字体"为微软雅黑，"字号"为10，"颜色"为黑色。分别选中各数据标签，设置"字体颜色"为白色。

单击图表图例，移动到图表顶部显示。

最后单击图表，按住Alt键拖动图表，可以将图表快速地对齐到单元格。直接在单元格中输入文本"各地区放款金额对比"作为图表的标题，然后调整单元格列宽与行高，设置单元格填充与边框线作为图表的装饰，设置后图表效果如图1-51所示。

图1-51　百分比堆积条形图效果

1.6 利润对比折线图

楠楠：芬芬，你看看我这个数据，这是公司与竞争对手的利润表，我用柱形图来做对比，你觉得怎样？如图1-52所示。

年份	本公司	竞争对手
2012年	50	150
2013年	100	300
2014年	180	360
2015年	320	400
2016年	600	430

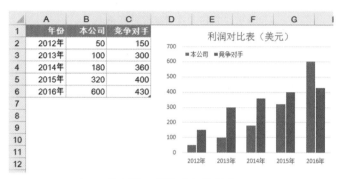

图1-52　利润对比柱形图

我：柱形图按年度对利润进行了很好的对比，不仅很容易看出2016年以前竞争对手的利润较高，还清楚显示了2016年我们公司超过了竞争对手。而且柱形图也挺容易做的，但如果你需要再加一个竞争对手进行对比，还可以尝试使用折线图。效果如图1-53所示。

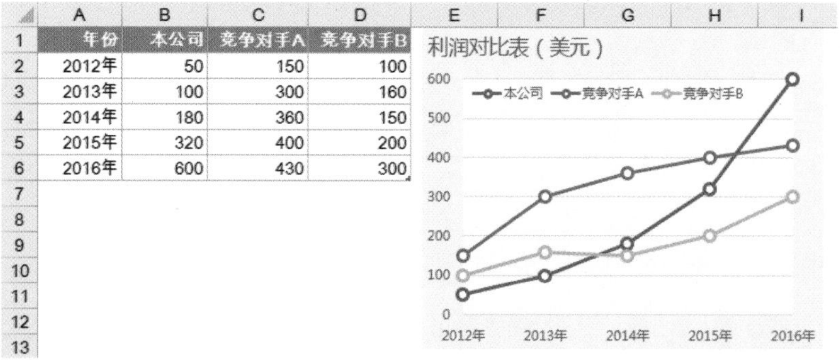

年份	本公司	竞争对手A	竞争对手B
2012年	50	150	100
2013年	100	300	160
2014年	180	360	150
2015年	320	400	200
2016年	600	430	300

图1-53　利润对比折线图

楠楠：哦，这个好像也挺简单的，我尝试做一下，你帮我看看做得对不对啊！

STEP 01　选中数据A1:D6单元格区域，单击"插入"选项卡，在"图表"功能组中单击"插入折线图或面积图"命令，选择"折线图"，如图1-54所示。

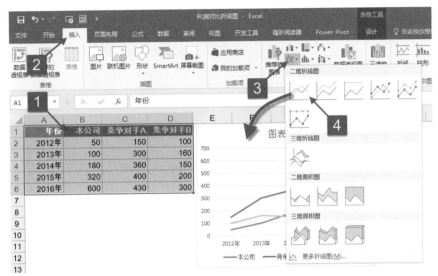

图1-54　插入折线图

STEP 02　双击图表纵坐标轴，调出"设置坐标轴格式"选项窗格，切换到"坐标轴选项"选项卡，设置坐标轴"边界"的"最小值"为0，"最大值"为600，如图1-55所示。

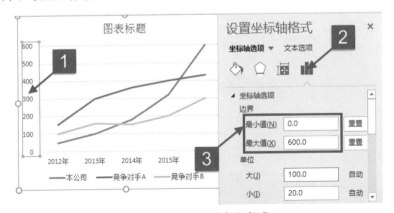

图1-55　设置纵坐标轴格式

STEP 03　单击图表区，在"设置图表区格式"选项窗格中切换到"填充与线条"选项卡，设置"填充"为纯色填充，"颜色"为浅灰色，设置"边框"为无线条，如图1-56所示。

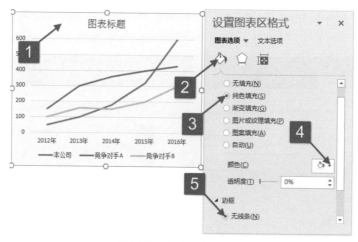

图1-56　设置图表区格式

STEP 04 🐾 单击绘图区，在"设置绘图区格式"选项窗格中切换到"填充与线条"选项卡，设置"填充"为纯色填充，"颜色"为浅灰色（比图表区填充颜色稍微浅一点），如图1-57所示。

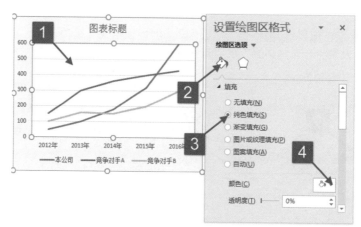

图1-57　设置绘图区格式

STEP 05 🐾 单击折线图"本公司"系列，在"设置数据系列格式"选项窗格中切换到"填充与线条"选项卡，设置"线条"为实线，"颜色"为蓝色，"宽度"为2磅，如图1-58所示。

用同样的方法分别设置"竞争对手A"与"竞争对手B"两个系列为"红色"与"绿色"。

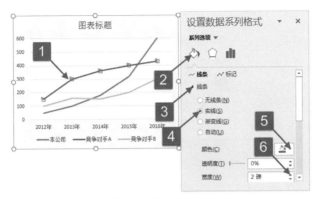

图1-58　设置折线系列格式

楠楠：额，这个折线怎么添加那些圆圈呢？这里不懂了。

我：设置折线图系列的标记啊。

STEP 06 单击折线系列，在"设置数据系列格式"选项窗格中切换到"填充与线条"选项卡，单击"标记"展开选项，设置"数据标记选项"为内置，"类型"为圆形，"大小"为8，设置"填充"为纯色填充，"颜色"为白色，设置"边框"为实线，"颜色"设置与折线线条颜色一致，"宽度"为2磅，如图1-59所示。

用同样的方式设置其他两个系列的标记格式。

楠楠：哦，原来折线图系列的"填充与线条"选项里面分别有"线条"跟"标记"两个选项的啊，切换选项卡就可以设置线条或标记了，我以前都没发现这个，又学习了。那折线两边不是都有空白的地方吗，我看你做的没有空白的，这是怎么设置的呢？

我：嗯，折线图的标记不止内置的这些形状，我们可以自定义形状，跟柱形图填充一样可以设置很多不一样的形状。折线图两边不留空，只要设置一下坐标轴位置在刻度线上就好了。

STEP 07 单击横坐标轴，在"设置坐标轴格式"选项窗格中切换到"系列选项"选项卡，设置"坐标轴位置"为在刻度线上，如图1-60所示。

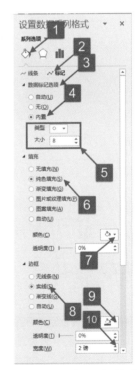

图1-59　设置折线系列标记

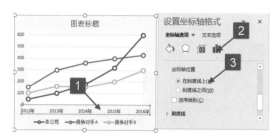

图1-60　设置坐标轴格式

楠楠：哦，明白了。

STEP 08 😊 最后单击图表标题，选中图表标题文字，将文字改成"利润对比表（美元）"，将图表标题移到左边，与纵坐标轴对齐，再单击图例，将图例移动到图表标题下方，如图1-61所示。

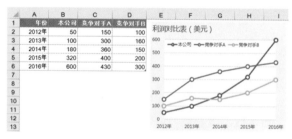

图1-61　利润对比折线图

1.7 销售占比饼图

楠楠：领导让我把几个地区的销售数据放在一起对比一下，想看看各个地区销售的占比，我是不是可以用柱形图或者前面讲过的百分比堆积柱形图来展示呢？销售数据如图1-62所示。

我：并非使用柱形图或者百分比堆积柱形图不可以，而是这个数据只有一维的，使用饼图来展示各地区销售占比，更能直观地看出各地区的销售占比情况。

STEP 01 　选中A1:B6单元格区域，单击"插入"选项卡，在"图表"功能组中单击"插入饼图或圆环图"命令，选择"饼图"，如图1-63所示。

	A	B
1	地区	销售数据/万
2	广东	391
3	湖北	350
4	湖南	148
5	江西	245
6	河北	384

图1-62　销售数据

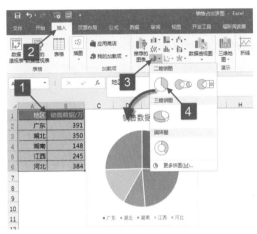

图1-63　插入饼图

美化图表。

STEP 02 　单击饼图系列，再次单击"广东"数据点可单独选中，按Ctrl+1组合键调出"设置数据点格式"选项窗格。切换到"填充与线条"选项卡，设置"填充"为纯色填充，"颜色"为黑色，如图1-64所示。

依次设置其他数据点填充格式，设置后效果如图1-65所示。

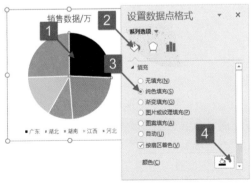

图1-64　设置数据点格式

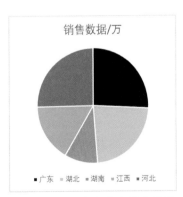

图1-65　设置数据点后图表效果

如果饼图的角度展示不够，还可以旋转一下饼图的起始角度。

STEP 03 👓 单击饼图系列，在"设置数据系列格式"选项窗格中切换到"系列选项"选项卡，设置"第一扇区起始角度"为100°，如图1-66所示。

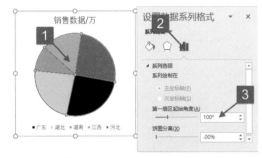

图1-66　设置数据点起始角度

STEP 04 👓 单击图表区，在"设置图表区格式"选项窗格中切换到"填充与线条"选项卡，设置"边框"为无线条，如图1-67所示。

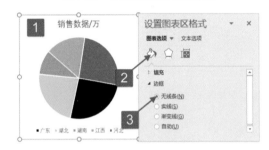

图1-67　设置饼图图表区

STEP 05 👓 单击图表区，单击"图表元素"快速选项按钮，勾选"数据标签"复选框，取消勾选"图例"复选框，如图1-68所示。

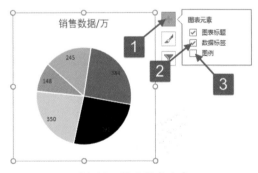

图1-68　设置图表元素

STEP 06 👓 双击数据标签，调出"设置数据标签格式"选项窗格，切换到"标签选项"选项卡。在"标签包括"选项中依次勾选"类别名称""值"复选框，单击"分隔符"下拉按钮，选择"（新文本行）"选项，在"标签设置"下选中"最佳匹配"单选按钮，如图1-69所示。

保持数据标签选中状态，单击"开始"选项卡，依次设置"字体"为微软雅黑、"字号"为9、"字体颜色"为白色。

STEP 07 ✿ 单击图表标题，再次单击进入编辑状态，更改图表标题文字为"各地区销售占比"。最终的图表效果如图1-70所示。

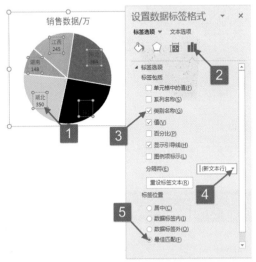

图1-69　设置数据标签格式

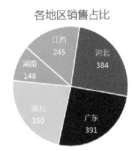

图1-70　图表效果

楠楠：前面你讲的占比用饼图是比较合适的，我在之前的图表中又增加了几个地区的销售数据，然后图表就变成这样的效果了，如图1-71所示，销售数据少的部分，看上去的效果并不好。这种情况该怎么办？

我：这种情况你可以考虑使用复合型饼图，将小的分类展示到第二绘图区中。

楠楠：啊？什么意思，是做两个饼图吗？

我：看上去是两个饼图，但实际上是一个图表，我做给你看。

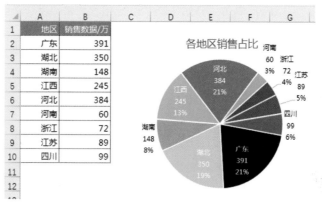

图1-71　饼图

STEP 01 　选中A1:B10单元格区域，单击"插入"选项卡中的"插入饼图或圆环图"命令，选择"复合饼图"选项，如图1-72所示。

图1-72　插入复合饼图

这样插入的复合饼图，默认以最后三项作为第二绘图区，我们可以自己手动设置将哪些分类显示在第二绘图区中。

STEP 02 　双击饼图数据系列，调出"设置数据系列格式"选项窗格，切换到"系列选项"选项卡，设置"第二绘图区中的值"为4，设置"第二绘图区大小"为100%，如

图1-73所示。

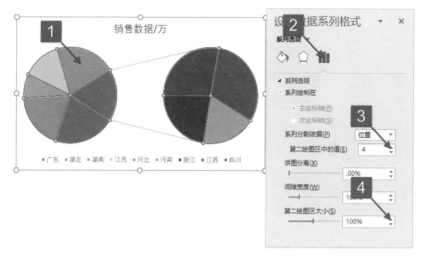

图1-73 设置第二绘图区系列

楠楠：这个"第二绘图区中的值"为4是显示4个的意思？我没明白什么意思，它怎么知道我要显示哪4个呢？

我：你可以看到"系列分割依据"默认值是"位置"，也就是按照最后第几个的位置放在第二绘图区中，我们的数据中后面4个数据比较小，所以我们设置为4，就是后面4个分类显示到第二绘图区中。

楠楠：哦，原来是默认后面的位置，那这样作图之前就需要对数据降序，对吧？要是不想改变数据源，怎么办呢？

我：点击"系列分割依据"下拉框，可以看到分别有"位置""值""百分比值""自定义"四种选项，如图1-74所示。

图1-74 系列分割依据选项

- 位置：默认从数据区域后面数，用户可以设置"第二绘图区中的值"有 N 个。
- 值：可以指定数据源中"值小于"100（可根据用户需要自己调整数字）的分类显示在第二绘图区中，假如数据源为乱序，使用这个选项更合适，如图 1-75 所示。

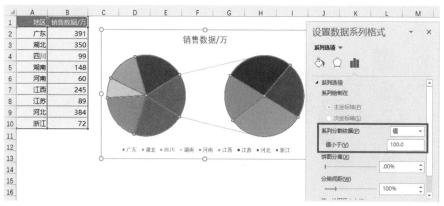

图1-75　值设置

- 百分比值：与值类似，同样可以设置"值小于"，只不过需要把数值转换为百分比。
- 自定义：自定义比较灵活，可以设置任意一个扇区到第二绘图区。

STEP 03 单击复合饼图数据系列，再单击要进行设置的扇区，在"设置数据点格式"选项窗格中的"系列选项"选项卡单击"系列分割依据"下拉框，选择自定义，单击"点属于"下拉框，可以指定扇区显示的位置。如图1-76所示。

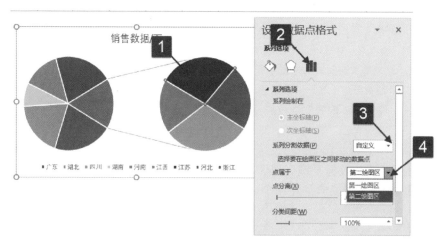

图1-76　自定义设置

楠楠：啊，一个小小的复合饼图原来有这么多学问啊。

我：哈哈，我有强迫症，把图表美化一下吧。

此处省略美化步骤，具体可参考饼图美化方法。

最终美化效果如图1-77所示。

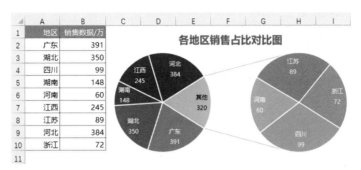

图1-77　复合饼图效果图

1.9　散点分布图

楠楠：我在一个学习群里听说散点图很难，但它却是图表中的小精灵，什么都可以模仿。这是真的吗？散点怎么做啊？

我：是的啊，但是使用散点模仿的时候，你首先要学会散点怎么做，它的数据代表什么才能更好地驾驭它。

XY散点图可以将两组数据绘制成 XY 坐标系中的一个数据系列。XY散点图除了可以显示数据的变化趋势以外，更多的是用来描述数据之间的关系，还可以被拿来模拟默认图表无法实现的一些特殊设置。

这里我们用最经典的毛利率与库存率两组数据进行展示比较，使用XY散点分布图找出最优产品与可改进产品区域。

选择B1:C21单元格区域，单击"插入"选项卡，在"图表"功能组中单击"插入散点图（X、Y）或气泡图"命令，选择"散点图"，如图1-78所示。

这样插入的图表，默认的第一列数据展示在X轴（横向坐标）上，第二列展示在Y轴（纵向坐标）上。所以这里的X轴展示的是毛利率，Y轴展示的就是库存率。想要找到最优的一个产品，就是毛利率高且库存率低的，也就是既靠下又靠右的一个点了，如图1-79所示，那么红色的点就是最优产品了。

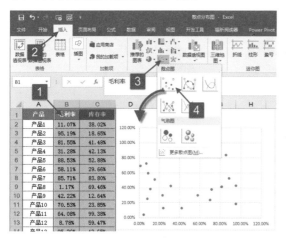

图1-78　插入散点图

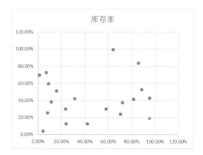

图1-79　找寻散点图中的最优产品

散点图有一个缺陷是数据标签不能显示分类名称，只能显示X值或者Y值。但是Excel提供了解决方法，接下来我们先把这个散点图美化一下。

STEP 02 双击图表纵坐标轴，打开"设置坐标轴格式"选项窗格。切换到"坐标轴选项"选项卡，设置"边界"的"最小值"为0，"最大值"为1，设置"单位"的"大"为0.2。单击"数字"选项，设置"小数位数"为0，将小数舍去。切换到"填充与线条"选项卡，设置"线条"为无线条，如图1-80所示。

使用同样的方法设置横坐标轴。

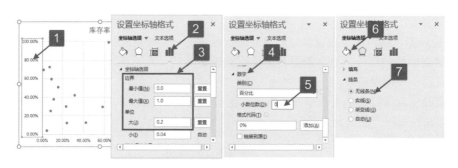

图1-80　设置坐标轴格式

STEP 03 单击图表绘图区，在"设置绘图区格式"选项窗格中切换到"填充与线条"选项卡，设置"边框"为实线，"颜色"为黑色，如图1-81所示。

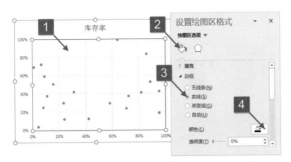

图1-81　设置绘图区格式

STEP 04 ❀ 单击图表区，在"设置图表区格式"选项窗格中切换到"填充与线条"选项卡，设置"边框"为无线条，将图表区设置为无边框。

STEP 05 ❀ 单击图表区，单击"图表元素"快捷选项按钮，勾选"坐标轴标题"复选框，勾选"数据标签"复选框，为散点图添加坐标轴标题与数据标签，如图1-82所示。

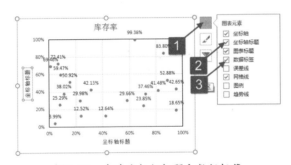

图1-82　勾选坐标轴标题和数据标签

更改标题与坐标轴标题。

STEP 06 ❀ 单击纵坐标轴标题，进入标题编辑状态，将文字更改为"库存率"，同样的方法更改横坐标轴标题为"毛利率"。

　　保持图表区选中状态，在"插入"选项卡中单击"形状"，选择文本框，在图表区顶部绘制一个文本框，在文本框中输入文字"各产品毛利与库存对比分布图"作为图表标题。

更改数据标签显示。

STEP 07 ❀ 双击图表数据标签，打开"设置数据标签格式"选项窗格。单击"标签选项"选项卡，勾选"单元格中的值"复选框，此时会自动打开"数据标签区域"对话框，设置"选择数据标签区域"为A2:A21单元格区域，单击"确定"按钮，关闭"数据标签区域"对话框。取消勾选"Y值"复选框，设置"标签位置"为靠右，如图1-83所示。

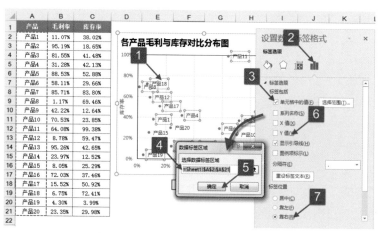

图1-83　设置数据标签

最终效果如图1-84所示。

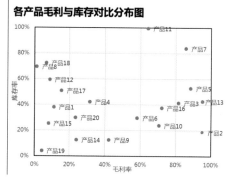

图1-84　毛利与库存分布图

楠楠：哇！这个设置数据标签为"单元格中的值"真好用啊，一下就搞定了。

我：是的，但是要注意，这是2013及以上的版本才有的功能，所以只能在2013及以上版本中使用，如果在2013以下版本打开此文件，这些数据标签会显示为一串"乱码"。

楠楠：啊？那如果领导的软件版本是2007，我不是白做了，那有解决方法么？

我：有，网上有一些插件可以达到同样的效果，除了插件外，还有一个方法，就是一个一个进行设置。

单击数据标签，再次单击其中一个数据标签，例如"产品1"的数据标签，这时"产品1"数据标签是单独选中的状态，周围控制点均变成空心圆的状态，然后在编辑栏中输入"="等号，单击A2单元格，最后单击编辑栏中的"输入"按钮完成编辑。这时候"产品1"的数据标签和A2单元格已经关联在一起，A2单元格中的值变化，数据标签也会跟着变化，如图1-85所示。

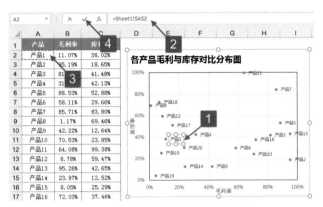

图1-85　设置数据标签与单元格关联

1.10　气泡图

我：除了XY散点图之外，还有一种图表与之类似，那就是气泡图，气泡图在XY散点图的基础上增加了第三个变量，即气泡的尺寸。也就是说一个气泡可以展示三个数值。

楠楠：那它的做法是不是跟散点图类似呢？

我：以单独的图表来说，做法其实差不多，但是有一个很大的区别就是，散点图可以跟其他的图表类型组合，但是气泡图比较骄傲，不允许跟任何其他图表类型组合。

以图1-86中的数据为例，我们来做一个简单的气泡图。

选中数据B1:D8单元格区域，单击"插入"选项卡，在"图表"功能组中单击"插入散点图（X、Y）或气泡图"命令，选择"气泡图"，如图1-87所示。

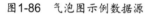

图1-86　气泡图示例数据源

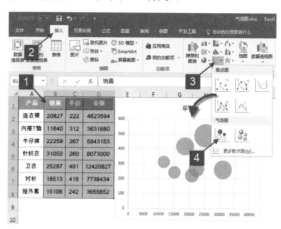

图1-87　插入气泡图

楠楠：这个数据是不是也是跟散点一样，选中的数据中第一列数据展示为X轴，第二列展示为Y轴，那么第三列就是展示的气泡的尺寸了，对吧？

我：是的，默认是这样的。如果不想改变数据源，只是要改变这些展示的维度，可以自己手动更改。

楠楠：手动更改？怎么手动更改呢？

我：就是更改图表的数据源选取范围啊，有两种方法。

方法1：单击图表系列，在编辑栏中会有相应的图表公式，更改图表函数中的参数数据区域，可以改变图表中的维度展示。气泡图表中的公式第一参数代表系列名称，第二参数代表X轴，第三参数代表Y轴，第四参数代表系列顺序，第五参数代表气泡尺寸，如图1-88所示。

公式中的参数因图表类型不同而有所不同。

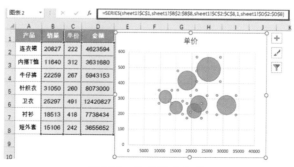

图1-88　气泡图表公式

方法2：单击图表区，在"图表工具"中单击"设计"选项卡，单击"选择数据"调出"选择数据源"对话框，单击要修改的系列后，选择"编辑"命令，调出"编辑数据系列"对话框，在对应的系列值区域选择数据源，设置好数据源后单击"确定"按钮关闭对话框，如图1-89所示。

"选择数据源"对话框中除了可以编辑系列外，还可以添加和删除系列，也可以编辑图表的"水平（分类）轴标签"（在气泡图、散点图中，"水平（分类）轴标签"无效）。另外，还可以对数据系列进行切换行/列。

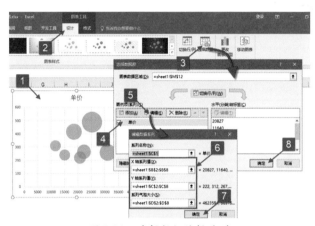

图1-89　选择数据编辑系列

楠楠：这个窗口原来还有这么多功能啊，那下面这个"隐藏的单元格和空单元格"命令是干什么的呢？

我：这个后面讲解其他案例时再介绍吧，你先把这个气泡图美化一下。

楠楠：这个简单，看我的。

由于美化过程比较简单，可以参考其他案例，此处省略美化步骤。美化后效果如图1-90所示。

有个问题，跟散点图一样，气泡图默认没有显示分类名称，如果既显示分类名称又显示气泡的尺寸，我应该怎么弄呢？

我：这种情况还是一样使用"单元格中的值"选项来实现，但是你要先在单元格中把标签格式设置好，这里我们可以用连接符"&"将产品与金额连接在一起，在E2单元格中输入公式

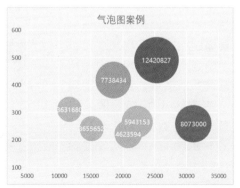

图1-90　美化后的气泡图

=A2&CHAR(10)&D2，将公式下拉至E8单元格，如图1-91所示。

选中E2:E8单元格区域，在"开始"选项卡中单击"自动换行"命令，将产品与金额进行换行显示，如图1-92所示。在公式中使用CHAR(10)时，要设置"自动换行"CHAR(10)才有效果。

图1-91　输入数据标签公式

图1-92　自动换行

单击图表数据标签，按Ctrl+1组合键调出"设置数据标签格式"选项窗格，切换至"标签选项"选项卡，在"标签选项"中勾选"单元格中的值"复选框，调出"数据标签区域"对话框，设置数据标签区域为E2:E8单元格区域，单击"确定"按钮关闭"数据标签区域"对话框，最后取消勾选"气泡大小"复选框，完成气泡图的数据标签设置，如图1-93所示。最终效果如图1-94所示。

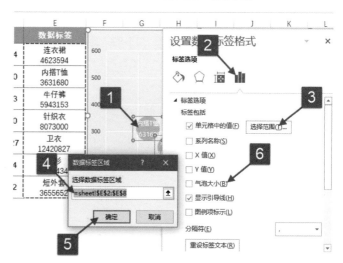

图1-93　设置气泡图数据标签

	A	B	C	D	E
1	产品	销量	单价	金额	数据标签
2	连衣裙	20827	222	4623594	连衣裙 4623594
3	内搭T恤	11640	312	3631680	内搭T恤 3631680
4	牛仔裤	22259	267	5943153	牛仔裤 5943153
5	针织衣	31050	260	8073000	针织衣 8073000
6	卫衣	25297	491	12420827	卫衣 12420827
7	衬衫	18513	418	7738434	衬衫 7738434
8	短外套	15106	242	3655652	短外套 3655652

图1-94　气泡图效果图

楠楠：虽然气泡图比较孤傲，不能跟其他图表组合，但是它也很强大啊，一个图表可以展示三个变量，而且还很清晰。

我：嗯，以后如果有三个变量的数据，你可以先试试气泡图哦。

1.11 雷达图

楠楠：话说雷达图是啥？

我：雷达图啊，打过游戏吗？比如"王者荣耀"。

楠楠：这个雷达图跟打游戏有关？

我：一般游戏战报里面都会出现雷达图的身影，利用雷达图分析一个英雄的各项技能或者其他能力，如图1-95所示，就是王者荣耀战报利用雷达图展示战绩的一个图表。

要做这样一个雷达图，首先我们需要把这些指标转为数字，然后才能作图，数据如图1-96所示。

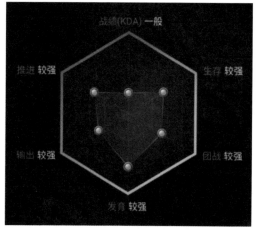

图1-95　王者荣耀战报雷达图

	A	B
1	项目	数据
2	战绩(KDA)一般	40
3	生存较强	70
4	团战较强	70
5	发育较强	80
6	输出较强	65
7	推进较强	75

图1-96　转化后的数据源

STEP 01 　选中数据A2:B7单元格区域，单击"插入"选项卡，在"图表"功能组中单击"插入曲面图或雷达图"命令，选择"雷达图"，如图1-97所示。

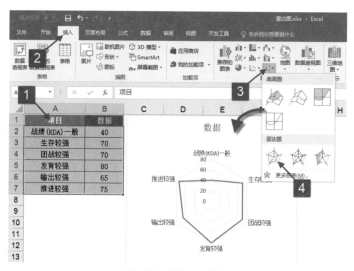

图1-97　插入雷达图

STEP 02 　双击图表坐标轴，调出"设置坐标轴格式"选项窗格，切换到"坐标轴选项"选项卡，设置坐标轴"边界"的"最小值"为0，"最大值"为100，设置"单位"的"大"为25，设置"标签"的"标签位置"为无，将坐标轴隐藏，如图1-98所示。

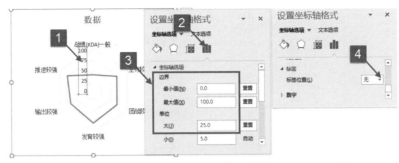

图1-98　设置坐标轴格式

STEP 03 单击折线系列，在"设置数据系列格式"选项窗格中切换到"填充与线条"选项卡，单击"线条"选项，设置"线条"为实线，"颜色"为红色。

单击"标记"选项，设置"数据标记选项"为内置，设置"类型"为圆形，"大小"为8，设置"填充"为纯色填充，"颜色"为红色，设置"边框"为无线条，如图1-99所示。

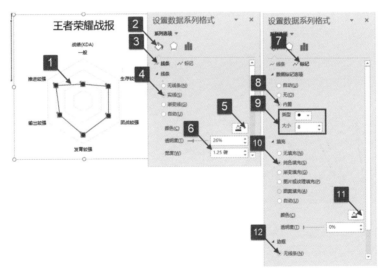

图1-99　设置雷达图数据系列格式

STEP 04 保持图表区选中状态，在"插入"选项卡中单击"形状"，选择文本框，在图表区顶部绘制一个文本框，在文本框中输入文字"王者荣耀战报"作为图表标题。

STEP 05 选中图表区，单击"开始"选项卡，设置图表中的"字体"为微软雅黑，"字号"为8，标题"字号"为18，"颜色"为黑色，设置后效果如图1-100所示。

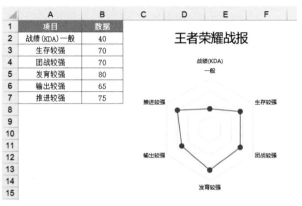

图1-100　雷达图效果

楠楠：哦，原来操作也挺简单的啊，可是王者荣耀效果图是有填充颜色的，难道Excel没办法填充颜色吗？

我：可以做填充的，如果既要填充颜色又要有标记，就需要用组合图表来制作了。后面再讲解组合图表吧。

楠楠：好的，我先学简单的。

楠楠：最近在网上听到一个很有趣的名字叫"瀑布图"，这是什么图呢？一般在什么情况下使用它？

我：瀑布图是由麦肯锡顾问公司所独创的图表类型，因为形似瀑布流水而称之为瀑布图。此图表采用绝对值与相对值结合的方式，适用于表达数个特定数值之间的数量变化关系。Excel早期版本中，它可以经过构建数据来实现效果，但是到了2016版本，内置就有瀑布图图表类型，制作就非常简单了。

楠楠：不太明白什么叫"数个特定数值之间的数量变化关系"，举个例子吧芬姐姐。

我：看看这组数据吧，如图1-101所示。这组数据是一年中的收入与费用，那么这组数据使用瀑布图就可以很直观地看出收入与费用之间的数量变化关系了。

STEP 01 选择A1:B8单元格区域，单击"插入"选项卡中的"插入瀑布图或股价图"命令，选择"瀑布图"，如图1-102所示。

	A	B
1	项目	金额
2	2015年结余	53627.2
3	新店费用	−20000
4	业务投资	−3427.064
5	营业收入	33885.424
6	长期投资	24000
7	广告费用	−5600
8	2016年收入	82485.56

图1-101　数据源

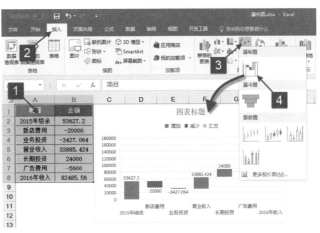

图1-102　插入瀑布图

STEP 02 单击瀑布图数据系列，在"2016年收入"数据点上右击，在弹出的快捷菜单中选择"设置为汇总"选项，用同样的方式设置"2015年结余"数据点，如图1-103所示。

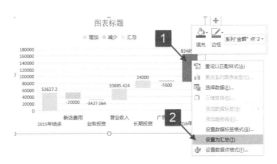

图1-103　设置数据点为汇总

STEP 03 双击瀑布图系列，调出"设置数据系列格式"选项窗格，单击图表数据点，在"设置数据点格式"选项窗格中切换到"填充与线条"选项卡，设置"填充"为纯色填充，并设置"颜色"。再依次设置整个图表各个数据点的填充颜色。分别单击图表网格线、刻度坐标轴和图例，按Delete键依次删除。

　　双击图表区，在"设置图表区格式"选项窗格中切换到"填充与线条"选项卡，设置

"边框"为无线条。选中图表区，光标停在图表区各个控制点上，当光标形状变化后，拖动控制点来调整图表大小。

STEP 04 👶 单击图表标题，再次单击进入编辑状态，更改图表标题文字为"2016年营业收入与费用分析图"。

瀑布图设置后的效果如图1-104所示。

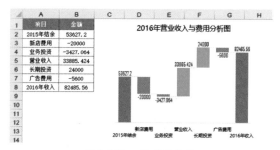

图1-104 瀑布图效果

楠楠：哦，原来这么简单啊，确实这样展示后数据更加直观。

1.13 树状图

树状图适合展示数据的比例和数据的层次关系，我们可根据分类与数据快速地完成占比展示。

以图1-105中的数据为例，为了更好地体现各地区各年份的销售金额占比，我们可以使用树状图来展示。

	A	B	C
1	地区	年份	金额（万）
2	深圳	2014年	520
3	深圳	2015年	408
4	深圳	2016年	883
5	深圳	2017年	687
6	广州	2014年	660
7	广州	2015年	611
8	广州	2016年	879
9	广州	2017年	347
10	珠海	2014年	404
11	珠海	2015年	398
12	珠海	2016年	557
13	珠海	2017年	954

图1-105 各地区各年份销售数据

STEP 01 ✥ 选择A1:C13单元格区域，选择"插入"选项卡中的"插入层次结构图表"命令，选择"树状图"，如图**1-106**所示。

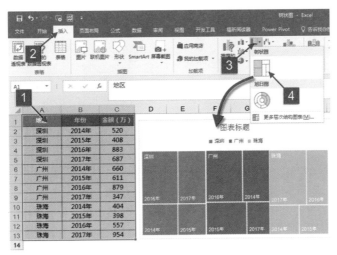

图1-106　插入树状图

美化图表。

STEP 02 ✥ 双击树状图数据系列，调出"设置数据系列格式"选项窗格。单击图表数据点，在"设置数据点格式"选项窗格中切换到"填充与线条"选项卡，设置"填充"为纯色填充，并设置"颜色"。分别设置整个图表数据点（在树状图中，数据点为一个系列，如深圳地区有四个年份，但这四个年份的颜色只能设置为一个颜色），如图**1-107**所示。设置后效果如图**1-108**所示。

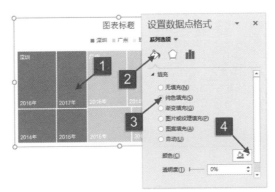

图1-107　设置数据点格式

STEP 03 单击树状图数据系列，在"设置数据系列格式"选项窗格中切换到"系列选项"选项卡，设置"标签选项"为横幅（默认为重叠），如图1-109所示。

图1-108 图表设置填充颜色后效果

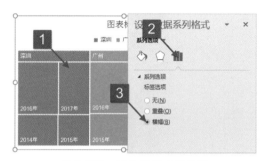

图1-109 设置数据系列标签

STEP 04 单击图表区，在"设置图表区格式"选项窗格中，切换到"填充与线条"选项卡。设置"边框"为无线条，选中图表区，将光标停在图表区各个控制点上，当光标形状变化后，拖动控制点来调整图表大小。

STEP 05 单击图表标题，再次单击进入编辑状态，更改图表标题文字为"各地区销售数据占比分析图"，如图1-110所示。

图1-110 各地区销售数据占比分析图

1.14 旭日图

旭日图类似于多个圆环的嵌套，每一个圆环代表了同一级别的比例数据，越接近内层的圆环级别越高，适合展示层级较多的比例数据关系。

以图1-111数据为例，2017年深圳销售金额最高，而细分至深圳各区，为了更好地体现地区间的层级关系与销售金额，我们可以使用旭日图来展示。

	A	B	C	D
1	年份	市	区	金额（万）
2	2014年	广州		3912
3	2014年	东莞		3962
4	2014年	珠海		3990
5	2014年	深圳		1285
6	2015年	广州		3040
7	2015年	东莞		1240
8	2015年	珠海		1054
9	2015年	深圳		3777
10	2016年	广州		1203
11	2016年	东莞		3915
12	2016年	珠海		3481
13	2016年	深圳		2684
14	2017年	广州		3694
15	2017年	东莞		1521
16	2017年	珠海		1206
17	2017年	深圳	南山	2522
18	2017年	深圳	罗湖	1209
19	2017年	深圳	宝安	1895
20	2017年	深圳	福田	1500
21	2017年	深圳	龙岗	2100

图1-111　各地区各年份销售数据

STEP 01　选择A1:D21单元格区域，单击"插入"选项卡中的"插入层次结构图表"命令，选择"旭日图"，如图1-112所示。

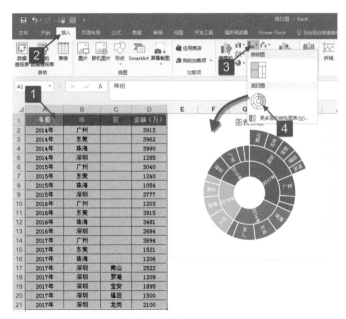

图1-112　插入旭日图

美化图表。

STEP 02 双击旭日图数据系列，调出"设置数据系列格式"选项窗格。单击图表数据点，在"设置数据点格式"选项窗格中切换到"填充与线条"选项卡，设置"填充"为纯色填充，并设置"颜色"。再分别设置整个图表的数据点（旭日图与树状图一样，一个大类只能设置为一个颜色，此数据中大类为年份），如图1-113所示。

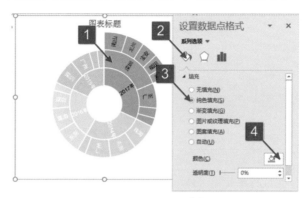

图1-113 设置数据点格式

STEP 03 单击图表区，在"设置图表区格式"选项窗格中，切换到"填充与线条"选项卡，设置"边框"为无线条。选中图表区，光标停在图表区各个控制点上，当光标形状变化后，拖动控制点来调整图表大小。

STEP 04 单击图表标题，再次单击进入编辑状态，更改图表标题文字为"2017年深圳地区销售创新高"，如图1-114所示。

	A	B	C	D
1	年份	市	区	金额（万）
2	2014年	广州		3912
3	2014年	东莞		3962
4	2014年	珠海		3990
5	2014年	深圳		1285
6	2015年	广州		3040
7	2015年	东莞		1240
8	2015年	珠海		1054
9	2015年	深圳		3777
10	2016年	广州		1203
11	2016年	东莞		3915
12	2016年	珠海		3481
13	2016年	深圳		2684
14	2017年	广州		3694
15	2017年	东莞		1521
16	2017年	珠海		1206
17	2017年	深圳	南山	2522
18	2017年	深圳	罗湖	1209
19	2017年	深圳	宝安	1895
20	2017年	深圳	福田	1500
21	2017年	深圳	龙岗	2100
22				

2017年深圳地区销售创新高

图1-114 旭日图

在此图表中，年份是一个最高的层级，市为中间层级。由于2017年深圳市的销量较高，想对2017年深圳市的销量进行详细展示，所以在图表中同时展示了2017年深圳市各区销量。当然用户也可以对其他地区进行详细展示，方法是一样的。

1.15 直方图

直方图又称质量分布图，是一种常用的统计报告图。一般用水平轴表示区间分布，垂直轴表示数据量的大小。

图1-115数据为某贷款产品的放款明细，若想要看看哪个放款金额段比较集中，我们就可以使用直方图来展示。

STEP 01 选择A1:B106单元格区域，选择"插入"选项卡中的"插入统计图表"命令，选择"直方图"，即可在工作表中插入直方图，如图1-116所示。

	A	B
1	学生姓名	放款金额/万
2	周书童	15.2
3	郑颖君	50.0
4	郑晓	63.0
5	郑明清	46.0
6	郑妙洋	7.4
7	赵高明	25.2
8	元朗琴	3.0
9	雪晴	25.0
10	笑笑	10.3
11	小小	11.0
12	小天	6.0
13	小美	23.0
14	萧子情	4.5
15	肖月晓	4.0
16	嘻嘻	33.9
17	吴俊	9.9
18	王梓涵	20.0
19	王子聪	13.8
20	王亦善	16.0
21	王艺潼	39.9
22	王怡卿	3.0
23	王一	6.0

图1-115　某贷款产品放款明细

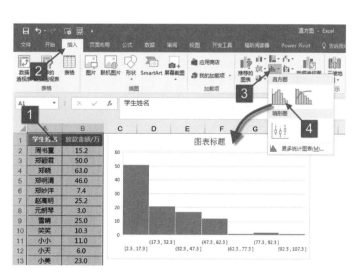

图1-116　插入直方图

用户可以根据需要，调整默认的区间分类。

STEP 02 👉 双击横坐标轴，打开"设置坐标轴格式"窗格，切换到"坐标轴选项"选项卡，在"坐标轴选项"选项卡的"箱"功能组中有多种选项可以选择，选中"箱数"单选按钮，在右侧的编辑框中输入5。如果数据有极端值，还可以勾选"溢出箱"或"下溢箱"复选框，在输入框中输入相应数值。此数据为了展示放款金额小于6万的人有多少，所以在"下溢箱"中输入5.9，"溢出箱"中输入100，如图1-117所示。

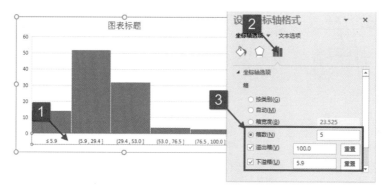

图1-117　设置直方图的箱数与溢值

其他格式设置可以参考其他图表的设置方法，最终效果如图1-118所示。

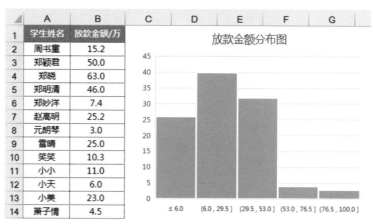

图1-118　直方图效果

直方图分组是根据设置横坐标轴格式来进行的。如果我们需要更多没有规则的分组，可以先把数据源分组完成后，使用柱形图制作也可以达到同样的效果。

1.16 排列图

排列图也称为帕累托图，常用来分析质量问题，确定产生质量问题的主要因素。使用排列图，能够将出现的质量问题和质量改进项目按照重要程度依次排列。

选择A1:B9单元格区域，单击"插入"选项卡中的"插入统计图表"命令，选择"排列图"，即可在工作表中插入排列图，如图1-119所示。

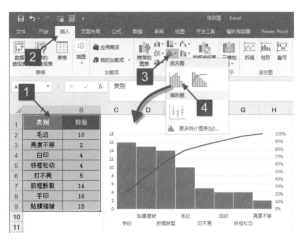

图1-119　插入排列图

用户不需要对数据源进行排序，内置图表会根据数据对图表进行排序后展示。排列图中，柱形代表数量，折线代表累计百分比。

其他格式设置可以参考其他图表的设置方法，最终效果如图1-120所示。

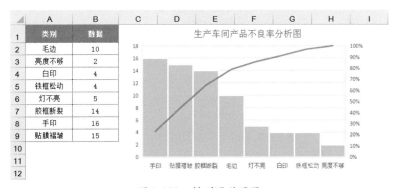

图1-120　排列图效果图

箱形图，也称箱须图，是一种用作显示一组数据分散情况资料的统计图，因形状如箱子而得名，适合进行多组样本比较，常用于产品的品质管理。

箱形图主要包含上边缘、上四分位数Q3、中位数、平均值、下四分位数Q1、下边缘和异常值等元素。箱形图图解如图1-121所示。

STEP 01 ❀ 选择A1:D12单元格区域，单击"插入"选项卡中的"插入统计图表"命令，选择"箱形图"，即可在工作表中插入箱形图，如图1-122所示。

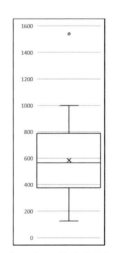

图1-121 箱形图图解

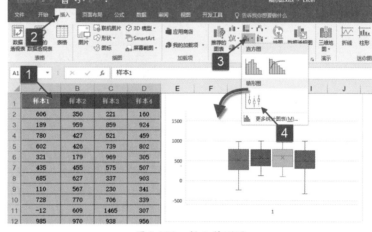

图1-122 插入箱形图

STEP 02 ❀ 双击箱形图数据系列，调出"设置数据系列格式"选项窗格，切换到"系列选项"选项卡，设置"间隙宽度"为0%，如图1-123所示。

系列选项中其他设置，可以根据用户需要自行设置。美化方面设置可以参考其他图表的设置方法。

通过观察图表可以发现，样本1的中位数与平均值基本相等，均落在箱子的中间部分，基本呈正态分布，但是数据变异比样本2大。样本2之间的数据变异是最小的，但样本2中出现了异常值。样本3的中位数相对比较高，最大值也比较大。样本4则跟样本3相反，如图1-124所示。

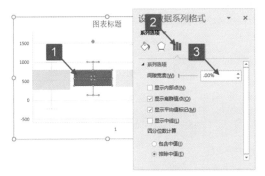

图1-123　设置间隙宽度

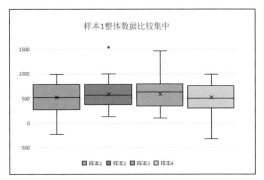

图1-124　箱形图

1.18 漏斗图

漏斗图一般用于业务流程管理的分析。漏斗图可以很直观地展现业务流程，便于我们快速发现业务流程中存在问题的环节。目前在网站分析、电商运营分析中运用广泛，比如我们公司的匹配器工具，共分为四个流程，可以使用漏斗图来看看流程之间的转化率，匹配器访问数据如图1-125所示。

	A	B	C
1	类别	数据	转化率
2	评估资质	468	100%
3	选择贷款	300	64.10%
4	提交申请	123	41.00%
5	完成	25	20.33%
6			

图1-125　匹配器访问数据

虽然流程不多，通过数据我们也可以看出转化率，但是如果使用图表展示会更加直观。选择A1:B5单元格区域，选择"插入"选项卡中的"插入瀑布图或股价图"命令，选择"漏斗图"，如图1-126所示。

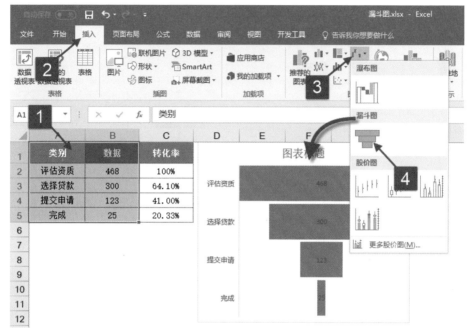

图1-126　插入漏斗图

其他格式设置可以参考其他图表的设置方法，最终效果如图1-127所示。

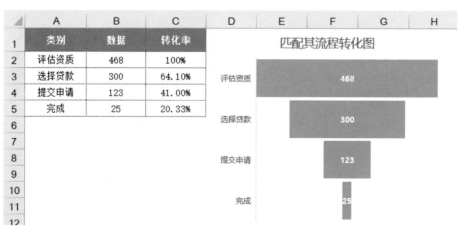

图1-127　漏斗图效果

1.19 交叉变形柱形图

还记得最开始讲的多彩柱形图吗？除了使用颜色填充外，我们还可以绘制一个自选图形，把柱形图的形状更改一下。

STEP 01 选择A1:B6单元格区域，单击"插入"选项卡，在"图表"功能组中选择"插入柱形图或条形图"命令，选择"簇状柱形图"，如图1-128所示。

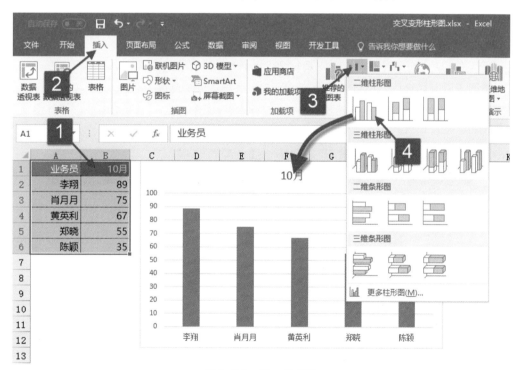

图1-128　插入柱形图

STEP 02 单击选中图表，在"图表工具"中单击"设计"选项卡，选择"切换行/列"命令，将一个系列的柱形图图表切换为5个系列的柱形图，如图1-129所示。

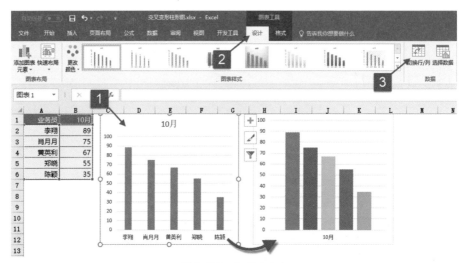

图1-129　切换行/列

将图表系列切换后，可以把图表放一边，先来插入一个自选图形。

STEP 03 　单击"插入"选项卡，选择"形状"命令，在下拉菜单中单击"等腰三角形"按钮，在工作表中绘制一个等腰三角形，如图1-130所示。

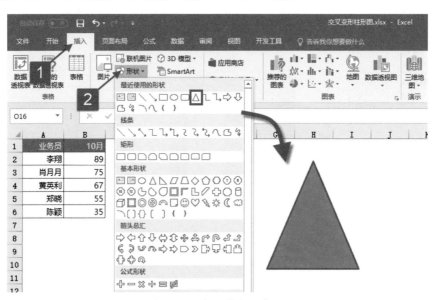

图1-130　插入等腰三角形

STEP 04 选中绘制好的等腰三角形后右击，在弹出的快捷菜单中选择"编辑顶点"选项，如图1-131所示。这时图形边框会变成深红色，图形中三个尖角均会出现实心黑色小圆点，用鼠标单击小圆点，两边会出现两个空心的点，如图1-132所示。

这时候可以单击空心点进行拖动来调整图形中某条直线的形状，如图1-133所示，调整后的图形如图1-134所示。

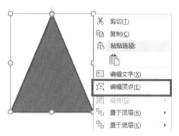

图1-131　编辑顶点

图1-132　点击实心点

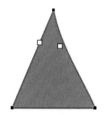

图1-133　编辑点

图1-134　调整后效果

STEP 05 单击编辑好的图形，按Ctrl+1组合键调出"设置形状格式"选项窗格，在"设置形状格式"选项窗格中单击"填充与线条"，设置"填充"为纯色填充，选择要填充的颜色后，设置填充的"透明度"为70%，设置"线条"为无线条，如图1-135所示。

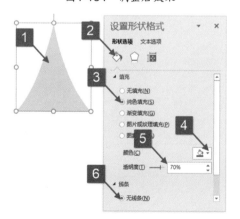

图1-135　设置形状格式

STEP 06 👣 选中设置好的图形，按 Ctrl+C组合键复制图形，单击图表，选中其中一个系列后按Ctrl+V组合键，将图形粘贴到图表柱形上，如图1-136所示。

重复步骤5、步骤6，分别把自选图形填充为不同颜色后，复制粘贴到图表柱形中，完成后的效果如图1-137所示。

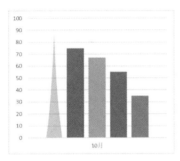

图1-136　改变柱形形状

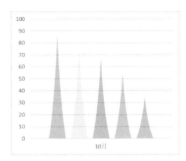

图1-137　柱形图效果

STEP 07 👣 单击图表任意一个系列，按Ctrl+1组合键调出"设置数据系列格式"选项窗格，切换到"系列选项"选项卡，在"系列选项"选项下设置柱形图的"系列重叠"为51%，"分类间距"为0%，如图1-138所示。

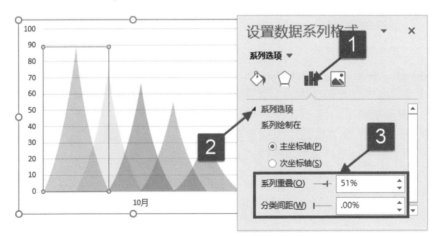

图1-138　设置数据系列格式

STEP 08 👣 单击图表区，在快速选项按钮中单击"图表元素"按钮，取消勾选"坐标轴"复选框，勾选"数据标签"复选框，取消勾选"网格线"复选框，如图1-139所示。

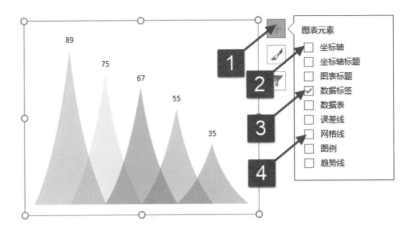

图1-139　图表元素

STEP 09 🔅 单击"数据标签",按**Ctrl+1**组合键调出"设置数据标签格式"选项窗格,切换到"标签选项"选项卡,在"标签选项"选项下勾选"系列名称"复选框,将图表系列对应的名称显示在数据标签上,其他数据标签设置方法一致,如图1-140所示。

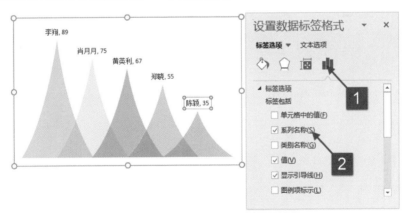

图1-140　设置数据标签

我:最后将做好的图表,复制粘贴到PPT报告中就好了。

楠楠:太好了,是不是我想要什么形状都可以用这个方法把图形做好,然后复制到这个图表上呢?

我:是的,图表系列均可以使用形状或者图片来填充,当我们用图片或者形状填充时,图表系列的"填充"默认就会变成"图片或纹理填充",如图1-141所示。

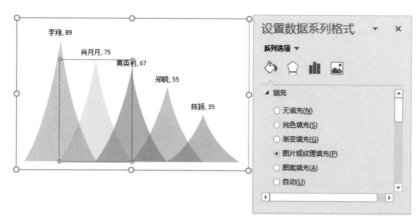

图1-141　填充选项

楠楠：哇，新技能get，我下次就用这种方法试一试。

{第2章}

组合图表

我：之前给你讲解的都是一些比较普通且单一的图表，从现在开始我们要再迈进一步，开始讲解组合图表啦。

楠楠：组合图表是什么？

我：组合图表就是使用多种图表类型组合而成的图表，之前讲散点图跟气泡图的时候说过，散点图适合跟很多图表组合，模拟很多Excel默认图表做不到的效果，而气泡图却不能跟其他图表类型组合，还记得吧。

楠楠：嗯，记得，做了笔记呢。只是没有实践，还无法深入理解。

我：好，那我们从现在开始就来实践。

2.1 带参考线的柱形图

最常见的组合图表就是柱形图与折线图组合。比如图2-1所示数据，我们可以使用柱形图展示，但是我们还想在柱形图上加一个系列为平均值，那么这个平均值我们就可以使用折线图来展示啦。在数据源中添加一列数据为"平均金额"，在C2单元格中输入公式后向下复制至C6单元格，如图2-2所示。

C2单元格公式：=AVERAGE($B$2:$B$6)

图2-1　数据源　　　　　　　图2-2　添加平均金额列数据

STEP 01 选中A1:C6区域，单击"插入"选项卡，在"图表"功能组中选择"插入组合图表"命令，选择"簇状柱形图-折线图"，如图2-3所示。

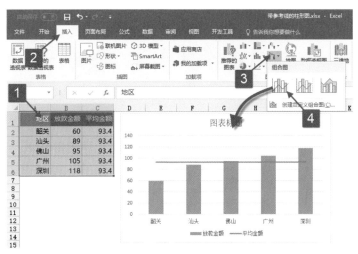

图2-3 插入组合图表

STEP 02 双击图表柱形系列，调出"设置数据系列格式"选项窗格。切换到"系列选项"选项卡中设置"间隙宽度"为40%。

切换到"填充与线条"选项卡，设置"填充"为纯色填充，"颜色"为粉绿色，如图2-4所示。

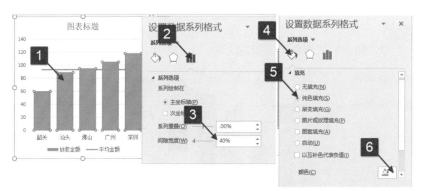

图2-4 设置柱形系列格式

STEP 03 单击图表折线系列，在"设置数据系列格式"选项窗格中切换到"填充与线条"选项卡，设置"线条"为实线，"颜色"为深红色，如图2-5所示。

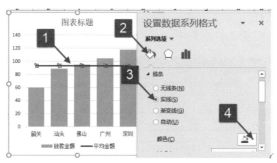

图2-5　设置折线系列格式

STEP 04 单击图表纵坐标轴，在"设置坐标轴格式"选项窗格中，切换到"坐标轴选项"选项卡，设置坐标轴"边界"的"最小值"为0，"最大值"为120，如图2-6所示。

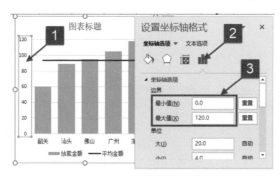

图2-6　设置坐标轴格式

STEP 05 单击图表区，在"快速选项按钮"中单击"图表元素"按钮，取消勾选"图表标题"和"图例"复选框，如图2-7所示

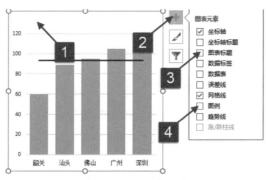

图2-7　删除图表元素

STEP 06 最后使用文本框作为图表标题与说明文字，使用单元格填充颜色作为图表背景，具体操作可参照之前的操作步骤，美化方面也可以根据需要自行设置。最终美化后的效果如图2-8所示。

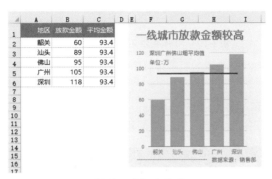

图2-8 美化后效果

楠楠：啊，原来组合图表这么简单。我都迫不及待地想用到这个月的报告中了。

我：组合图表说难不难，当然这属于组合图表中操作最简单的，还有难度比较大的呢？后面我们再慢慢讲吧，今天就到这，期待你这个月的报告哦。

除了经典的柱形图与折线图组合外，很多时候也用面积图与折线图组合，因为面积图制作出来的趋势与折线图是一样的，所以经常被组合使用。

数据如图2-9所示，如果使用折线图或者面积图制作，都略显单薄，但是两个图表要是组合在一起展示，图表的展示效果瞬间就不一样了。对比效果如图2-10所示。

图2-9 数据源

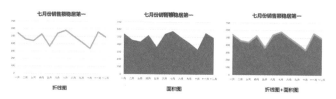

图2-10　同样数据不同图表展示对比

楠楠：我现在开始对Excel的图表功能刮目相看了。那么问题来了，这个怎么做呢？

我：　其实做法很简单。

STEP 01 选中数据A2:B13单元格区域，单击"插入"选项卡，在"图表"功能组中选择"插入折线图或面积图"命令，选择"面积图"，如图2-11所示。

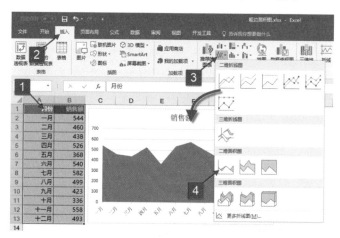

图2-11　插入面积图

STEP 02 选中数据B2:B13单元格区域，按Ctrl+C组合键进行复制，单击图表区，按Ctrl+V组合键粘贴数据，也就是将同样的数据重复添加到图表中，形成两个数据一样的数据系列，粘贴后效果如图2-12所示。

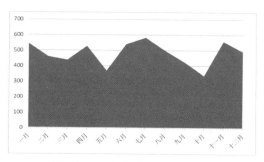

图2-12　两个系列重叠的面积图

STEP 03 单击图表数据系列，在"图表工具"的"设计"选项卡中单击"更改图表类型"按钮，调出"更改图表类型"对话框，在"更改图表类型"对话框中的"为您的数据系列选择图表类型和轴"下方选择任意一个系列，将系列图表类型更改为"折线图"，最后单击"确定"按钮关闭对话框。完成图表类型更改，如图2-13所示。更改后效果如图2-14所示。

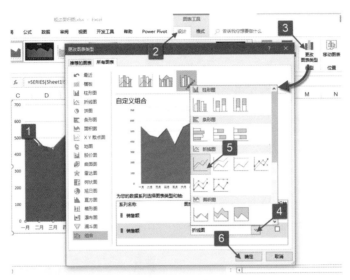

图2-13　更改图表类型

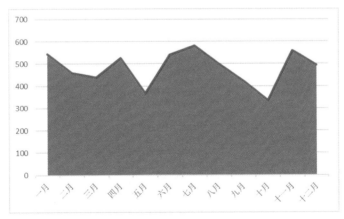

图2-14　更改图表类型后效果

美化图表。

STEP 04 双击图表中的面积系列，调出"设置数据系列格式"选项窗格，切换到"填充与线条"选项卡，设置"填充"为纯色填充，"颜色"为深蓝色，如图2-15所示。

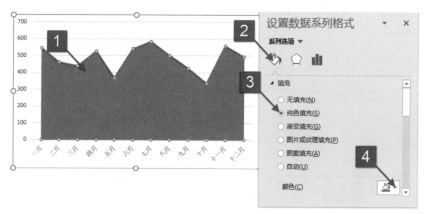

图2-15　设置面积系列格式

STEP 05 单击图表中的折线系列，在"设置数据系列格式"选项窗格中切换到"填充与线条"选项卡，设置"线条"为实线，"颜色"为浅蓝色，"宽度"为5磅，如图2-16所示。

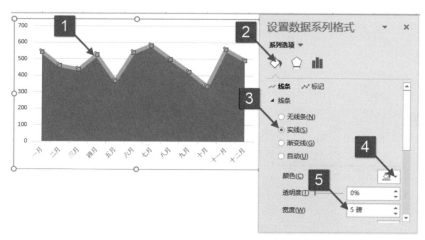

图2-16　设置折线系列格式

STEP 06 单击图表横坐标轴，在"设置坐标轴格式"选项窗格中切换到"坐标轴选项"选项卡，设置"坐标轴选项"的"坐标轴位置"为在刻度线上，将数据系列与纵坐标轴贴合，如图2-17所示。

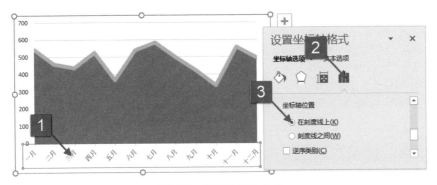

图2-17　设置坐标轴格式

由于分类标签较长，而图表不够宽，所以分类标签呈倾斜状态，只需要选中图表区，光标停在图表区各个控制点上，当光标形状变化后拖动控制点，调整图表大小即可。

最后使用文本框制作图表标题，效果如图2-18所示。

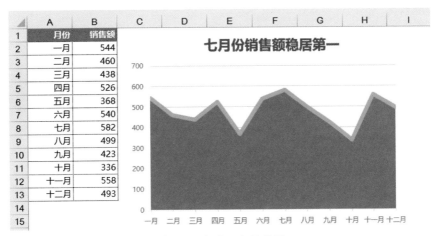

图2-18　粗边面积图效果

楠楠：我注意到一个地方，就是最开始插入面积图的时候，面积图的数据系列就是跟纵坐标轴贴在一起的，也就是"坐标轴位置"是在刻度线上的，为什么在更改图表类型后，就变了呢？

我：嗯，细节注意得不错啊，面积图默认的"坐标轴位置"就是在刻度线上的，但是其他图表类型则不是，所以当面积图中添加上其他图表类型进行组合时，就会都变成"坐标轴位置"在刻度之间的。

楠楠：哦，明白了。

2.3 间隔填充趋势图

除了以上示例外，我们还可以对面积图使用不同的颜色进行填充，形成间隔填充的趋势图，效果如图2-19所示。

STEP 01 选中数据A1:B13单元格区域，按住Ctrl快捷键，再次选择B1:B13单元格区域，也就是B列数据选择两次，切换到"插入"选项卡，在"图表"功能组中选择"插入折线图或面积图"命令，选择"面积图"，如图2-20所示。

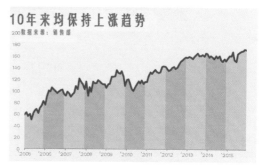

图2-19　间隔填充趋势图

图2-20　插入面积图

STEP 02 单击图表数据系列，在"图表工具"的"设计"选项卡中单击"更改图表类型"按钮，调出"更改图表类型"对话框，在"更改图表类型"对话框中的"为您的数据系列选择图表类型和轴"下方选择任意一个系列，将系列图表类型更改为"折线图"，最后单击"确定"按钮关闭"更改图表类型"对话框，完成图表类型更改，如图2-21所示。

图2-21　更改图表类型

制作间隔填充单元格。

STEP 03 鼠标停在列表尺上，选中N:X列单元格区域，鼠标停在标尺上右击，在快捷菜单中选择"列宽"，调出"列宽"对话框，设置"列宽"为3，单击"确定"按钮关闭对话框，如图2-22所示。

在N1:X1单元格间隔填充颜色，效果如图2-23所示。

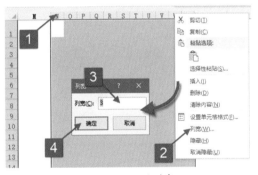

图2-22　设置列宽

图2-23　间隔填充后的单元格区域

STEP 04 选中N1:X1单元格区域，按Ctrl+C组合键复制单元格区域，双击图表中的面积系列，调出"设置数据系列格式"选项窗格，切换到"填充与线条"选项卡，设置"填充"为图片或纹理填充，"插入图片来自"选择剪贴板，如图2-24所示。

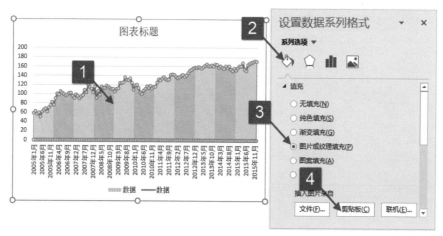

图2-24　设置面积系列格式

STEP 05 单击图表中的折线系列，在"设置数据系列格式"选项窗格中切换到"填充与线条"选项卡，设置"线条"为实线，"颜色"为深蓝色，"宽度"为3磅，如图2-25所示。

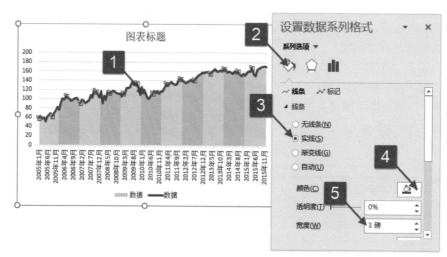

图2-25　设置折线系列格式

此时我们可以观察到图表横坐标轴，是很密集的一堆分类标签，为了让图表更简洁，所以分类标签设置只显示年份。

STEP 06 在C列单元格中创建辅助列，如图2-26所示。

STEP 07 单击图表区，在"图表工具"中的"设计"选项卡中单击"选择数据"，在调出的"选择数据源"对话框中单击"水平（分类）轴标签"的"编辑"按钮，打开"轴标签"对话框，在"轴标签区域"中选择C2:C13单元格区域，最后单击"确定"按钮，关闭对话框完成更改，如图2-27所示。

	A	B	C
1	日期	数据	分类轴标签
2	2005年1月	58	'2005
3	2005年2月	62	
4	2005年3月	56	
5	2005年4月	59	
6	2005年5月	50	
7	2005年6月	61	
8	2005年7月	65	
9	2005年8月	68	
10	2005年9月	61	
11	2005年10月	70	
12	2005年11月	75	
13	2005年12月	82	
14	2006年1月	76	'2006
15	2006年2月	90	
16	2006年3月	100	
17	2006年4月	98	
18	2006年5月	105	

图2-26 构建分类轴标签

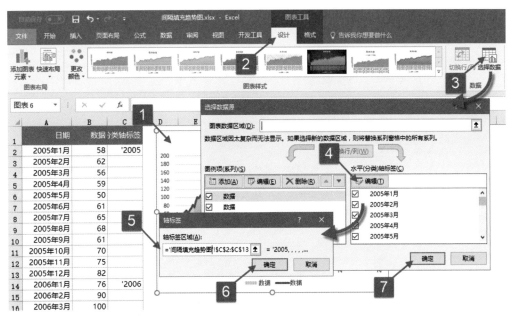

图2-27 更改分类轴标签

STEP 08 双击图表横坐标轴，调出"设置坐标轴格式"选项窗格，切换到"坐标轴选项"选项卡，设置"刻度线"的"刻度线间隔"为12，如图2-28所示。之后再设置下坐标轴字体"字号"即可。

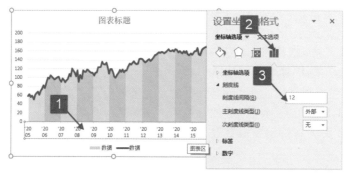

图2-28　设置坐标轴格式

STEP 09 　使用文本框制作图表标题，使用单元格填充为图表背景，效果如图2-29所示。

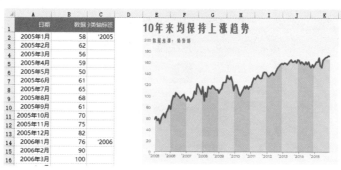

图2-29　间隔填充趋势图

楠楠：感觉Excel中的元素都被你利用完了，我是越来越佩服你了。

我：这还只是冰山一角呢？Excel的强大是你无法想象的呢！

2.4　突出极值的面积图

上面讲了如何使用面积图与折线图组合制作出一个不一样的趋势图表，那现在我们还是以同样的数据，同样使用面积图与折线图来做，但是这次增加一个难度，就是突出最大值，如果数据变化，最大值也要跟着变化。我们重新美化后的效果如图2-30所示。

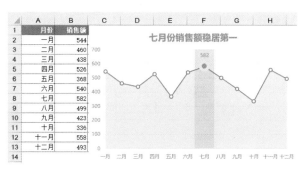

图2-30　突出极值的面积图

楠楠：啊啊啊，好好看，小清新，我喜欢。快说说那个最大值那个地方怎么做到的，太赞啦！

我：嗯，如何插入图表与更改图表类型我们直接省略，就来说说这个最大值如何制作。不过美化方面还有一点要说明一下。

图表的面积图系列设置操作如下。

STEP 01 单击图表中的面积系列，在"设置数据系列格式"对话框中切换到"填充与线条"选项卡，设置"填充"为纯色填充，"颜色"为浅蓝色，"透明度"为50%，如图2-31所示。

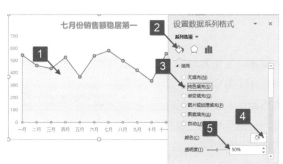

图2-31　设置面积系列格式

STEP 02 单击图表中的折线系列，在"设置数据系列格式"选项窗格中切换到"填充与线条"选项卡，在"线条"选项中设置"线条"为实线，"颜色"为深蓝色，"宽度"为1.5磅。

切换到"标记"选项，设置"数据标记选项"为内置，"类型"为圆形，"大小"为

6. 设置"填充"为纯色填充，"颜色"为白色，设置"边框"为实线，"颜色"为深蓝色，"宽度"为1.5磅。如图2-32所示。

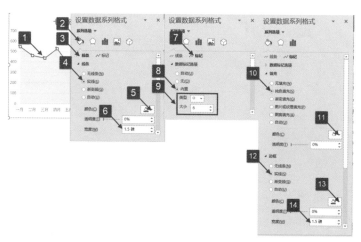

图2-32 设置折线系列格式

制作最大值系列。

STEP 03 在C列增加一列辅助列，将最大值计算出来。在C1单元格中输入"最大值"，在C2单元格中输入公式，将公式向下复制至C13，如图2-33所示。

公式：=IF(B2=MAX(B$2:B$13),B2,NA())

楠楠：姐姐，这个公式是什么意思啊？

我：MAX(B$2:B$13)是找到B列数据中最大的值，然后跟当前行的数据对比，使用IF判断是否等于，如果等于，就返回当前行的值，如果不等于，那就表示不是最大值，返回NA。

楠楠：为什么要返回NA呢？

我：在折线图或者散点图中，如果不希望在图表中显示点，那么就要使用NA，NA在折线图或面积图中表示什么都没有，就算设置数据标记，NA的数据也不会有标记出现。而且数据标签也不会显示。但是如果用0，那么都会显示标

	A	B	C
1	月份	销售额	最大值
2	一月	544	#N/A
3	二月	460	#N/A
4	三月	438	#N/A
5	四月	526	#N/A
6	五月	368	#N/A
7	六月	540	#N/A
8	七月	582	582
9	八月	499	#N/A
10	九月	423	#N/A
11	十月	336	#N/A
12	十一月	558	#N/A
13	十二月	493	#N/A
14			

C2 = =IF(B2=MAX(B$2:B$13),B2,NA())

图2-33 增加最大值辅助列

记，也会显示数据标签。你可以看看下图的对比就知道了，如图2-34和图2-35所示。

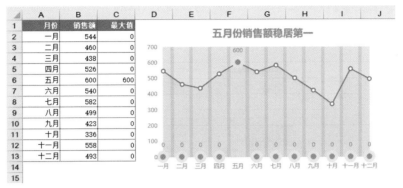

图2-34　判断后返回0的效果

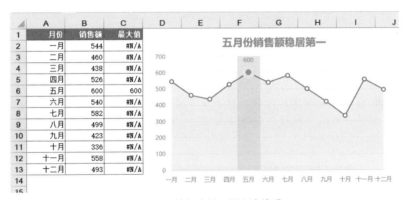

图2-35　判断后返回NA的效果

STEP 04　选中数据C2:C13单元格区域，按Ctrl+C组合键复制，单击图表，按Ctrl+V组合键粘贴，将最大值数据添加进图表，形成系列，粘贴后效果如图2-36所示。

STEP 05　选中最大值数据系列，设置数据系列标记，可参考图2-32的操作步骤。

STEP 06　添加误差线模拟柱形。最大值数据点中柱形是利用误差线设置线条大小完成的，但是在添加误差线之前需要先固定图表的纵坐标轴边界。此步骤可参考其他图

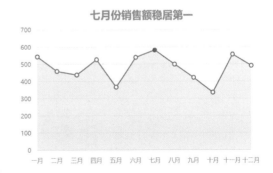

图2-36　添加最大值系列

表设置。

单击最大值数据系列，在"图表工具"的"设计"选项卡中单击"添加图表元素"按钮，在下拉菜单中选择"误差线"→"标准误差"菜单项，如图2-37所示。

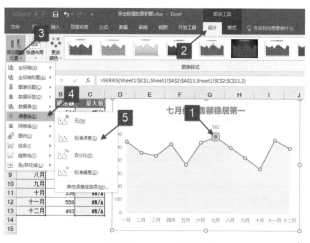

图2-37　添加误差线

STEP 07 当添加的误差线比较短的时候，在图表中无法使用鼠标选择时，可以单击图表，在"图表工具"的"格式"选项卡中单击"图表元素"下拉按钮，在下拉选项中选择，如图2-38所示。

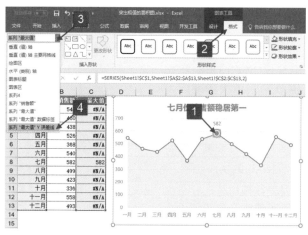

图2-38　选中误差线

选中误差线后按Ctrl+1组合键调出"设置误差线格式"选项窗格。在"误差线选项"选项卡中设置"末端样式"为无线端,"误差量"的"固定值"为700(由于不知道最大值在哪个点,所以只要固定了坐标轴边界,误差量的固定值可设置得大一些)。

切换到"填充与线条"选项卡,设置"线条"为实线,"颜色"为橙色,"透明度"为80%,"宽度"为35磅,如图2-39所示。

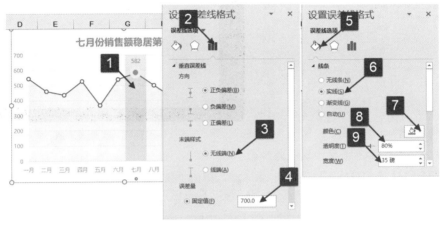

图2-39 设置误差线格式

楠楠:哇,误差线,新技能get。感觉这个图表不难,但是设置方面还是比较繁琐的。

我:嗯,基本上图表都是在设置方面比较费时间呢。加油吧,做图表要有耐心,学习更要有耐心。

2.5 不同分类数量的组合图表

我们讲过第一个组合图表就是柱形图+折线图组合,相对比较简单,但是有时候也会出问题,如图2-40所示,我们想要将月的数据展示为柱形图,日销量的数据展示成折线图,理想中的效果如图2-41所示。

图2-40　数据源

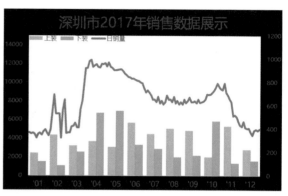

图2-41　理想效果图

那我们来试试制作时会出现什么情况。

STEP 01 选中数据A2:C13单元格区域，单击"插入"选项卡，在"图表"功能组中选择"插入柱形图或条形图"命令，选择"簇状柱形图"，如图2-42所示。

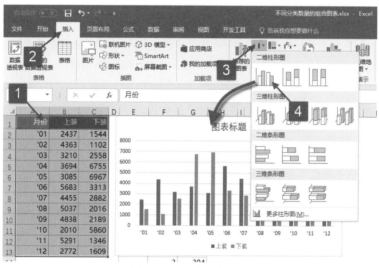

图2-42　插入簇状柱形图

选中数据G1:G133单元格区域，按Ctrl+C组合键复制单元格区域，单击图表区，按Ctrl+V组合键将数据粘贴到图表中，粘贴后效果如图2-43所示。

看效果图我们可以看出，由于日销量分类太多，把月销量全部挤到了一边，而且分类太多，柱形图特别细，完全看不出图表展示的效果。

我们需要先把日销量数据系列更改图表类型为"折线图"，操作步骤如下：

STEP 02 单击图表日销量数据系列，在"图表工具"的"设计"选项卡中单击"更改图表类型"按钮，调出"更改图表类型"对话框，在"更改图表类型"对话框中的"为您的数据系列选择图表类型和轴"下方选择"日销量"数据系列，将"日销量"数据系列图表类型更改为"折线图"，如图2-44所示。

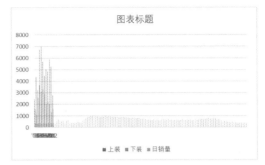

图2-43　添加日销量数据后效果

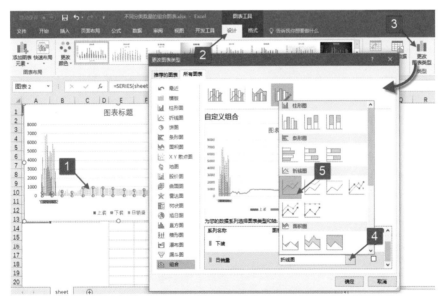

图2-44　更改图表类型

在"更改图表类型"对话框中我们可以看到，更改为折线图后，折线的趋势与柱形图的趋势还是相差较多，并且柱形图还是挤在了一边，还是没达到理想效果。

首先，我们需要解决折线图显示问题，折线图系列为日销量，而柱形图系列为月销量，所以数据的量级是不同的，想要更好地展示折线图趋势，我们应该将折线图设置为

"次坐标轴"。

在"更改图表类型"对话框中，在日销量数据系列中勾选"次坐标轴"，最后单击"确定"按钮关闭对话框，如图2-45所示。

楠楠：次坐标轴是啥意思？

我：在图表中坐标可以分为主/次坐标轴，主/次坐标轴的刻度互不影响，比如一个图表有两个系列，一个系列数据为销售额，一个系列数据为百分比，那么如果都显示在一个刻度轴上的话，百分比这个数据系列就会完全看不到趋势，所以Excel图表提供了主/次坐标轴来解决这样一个问题。当我们设置了其中一个系列为"次坐标轴"后，图表最多可以有四个坐标轴：

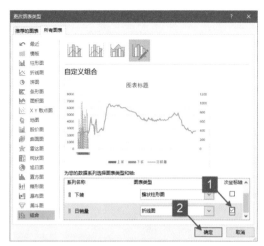

图2-45　勾选次坐标轴

主/次横坐标轴，主/次纵坐标轴，且互不影响。在快速选项按钮的图表元素中可以查看，如图2-46所示。

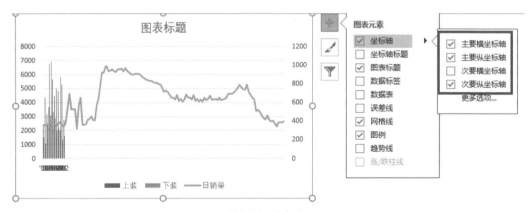

图2-46　坐标轴

楠楠：你不是说有四个坐标轴吗，为什么图表上只显示三个，而另一个则是没有勾选的状态呢？是不是这个必须手动勾选才可以？

我：是的，默认次要横坐标轴是不显示的，当次要横坐标轴不显示的时候，那么主/次坐标上的系列共用同一个横坐标轴，所以我们现在的图表效果才会这样。只有把次要横坐标轴勾选上，才可以解决这个问题。勾选后的效果如图2-47所示。

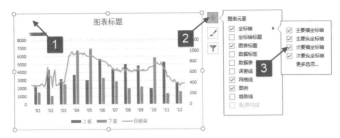

图2-47　勾选次要横坐标轴

STEP 03 双击次要横坐标轴，调出"设置坐标轴格式"选项窗格，在"坐标轴选项"中设置"标签位置"为无，隐藏次要横坐标轴，如图2-48所示。

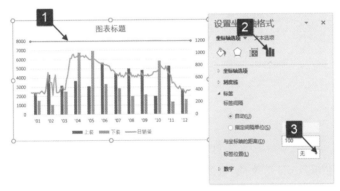

图2-48　隐藏次要横坐标轴

最后就是图表美化了，美化步骤可以参考之前的操作步骤。美化后效果如图2-49所示。

图2-49　不同分类数量的组合图表

2.6 简易式柱状温度计

楠楠：师父师父，你看，我用16年与17年的放款数据做了个柱形图，如图2-50所示，你觉得好看吗？

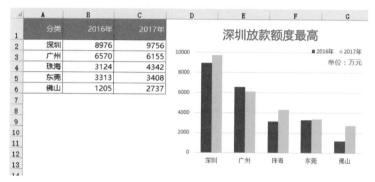

图2-50　对比柱形图

我：嗯，有进步哦，比以前做的好看多了，颜色配得也还不错，而且简单易懂。

楠楠：谢谢师父夸奖，徒儿会继续努力的。这样的效果还有没有其他展示的方法呢？

我：有啊，很多啊，比如你这个图，我们可以稍微修改一下变成另一种形式展示，如图2-51所示。

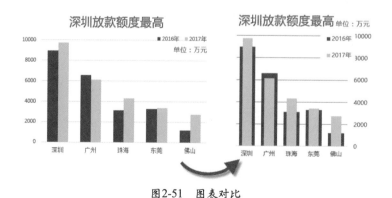

图2-51　图表对比

楠楠：师父这个好，这个应该怎么做呢？怎么重叠在一起的，而且我记得之前设置那个间隙宽度的时候，两个系列的间距是同时变化的。

我：难道你忘记我跟你讲过主/次坐标轴了吗。只要设置一个系列为次坐标轴，他们就会互不影响，这样就可以各自设置间隙宽度了。

STEP 01 双击柱形图中的2017年数据系列，打开"设置数据系列格式"选项窗格。切换到"系列选项"选项卡，设置"系列选项"中的"系列绘制在"为次坐标轴，设置"间隙宽度"为120%，如图2-52所示。

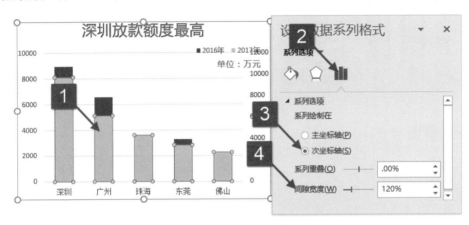

图2-52 设置数据系列格式

同样的方式将2016年数据系列的"间隙宽度"设置为40%，设置后效果如图2-53所示。

同等级的数据展示时，如果设置了主/次坐标轴，请一定要将主/次坐标轴的边界设置为一致，以免误导读者。

STEP 02 双击柱形图右边的主要纵坐标轴，调出"设置坐标轴格式"选项窗格。切换到"坐标轴选项"选项卡，设置"边界"的"最小值"为0，"最大值"为10000。设置"单位"的"大"为2000。在

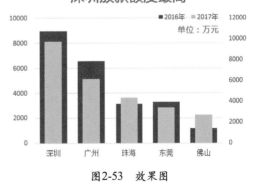

图2-53 效果图

"标签"选项卡单击"标签位置"的下拉菜单选择"无"命令，将主要纵坐标轴隐藏，如图2-54所示。

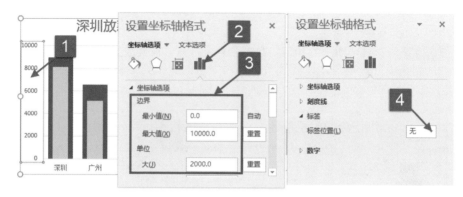

图2-54 设置纵坐标轴格式

STEP 03 单击柱形图右侧的次要纵坐标轴，在"设置坐标轴格式"选项窗格中切换到"坐标轴选项"选项卡。设置"边界"的"最小值"为0，"最大值"为10000，设置"单位"的"大"为2000。

STEP 04 双击图表区，在"设置图表区格式"选项窗格切换到"填充与线条"选项卡，设置"边框"为无线条，将图表区设置为无边框。

最后，调整图表区大小，将图表标题与说明文字重新排版，效果如图2-55所示。

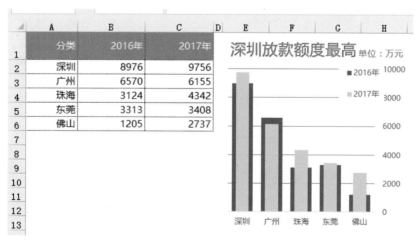

图2-55 柱状温度计对比图

2.7 双重柱形图对比

除了以上做法之外，我们还可以做成这样的，如图2-56所示。

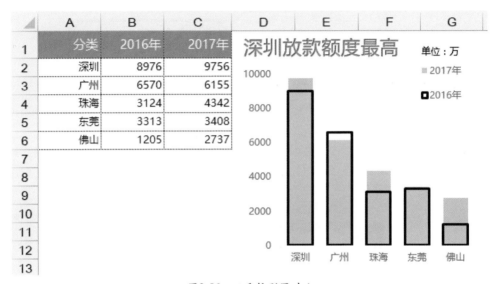

图2-56 双重柱形图对比

楠楠：啊，这个是不是跟上面做法一样，只是把间隙宽度设置成一样的？

我：差不多，但是这个不用主/次坐标轴，方便很多。

STEP 01 选中A1:C6单元格区域，单击"插入"选项卡，在"图表"功能组中选择"插入柱形图或条形图"命令，选择"簇状柱形图"。

STEP 02 双击图表纵坐标轴，调出"设置坐标轴格式"选项窗格。切换到"坐标轴选项"选项卡，设置"边界"的"最小值"为0，"最大值"为10000。设置"单位"的"大"为2000。

STEP 03 单击图表任意一个系列，在"设置数据系列格式"选项窗格中，切换到"系列选项"选项卡，设置"系列重叠"为100%，设置"间隙宽度"为60%，如图2-57所示。

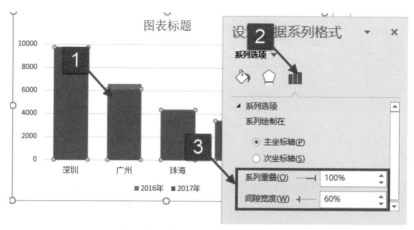

图2-57 设置数据系列重叠与间距

STEP 04 单击图表2017年数据系列，在"设置数据系列格式"选项窗格中切换到"填充与线条"选项卡，设置"填充"为纯色填充，"颜色"为浅蓝色。

单击图表2016年数据系列，在"设置数据系列格式"选项窗格中切换到"填充与线条"选项卡，设置"填充"为无填充，设置"边框"为实线，"颜色"为黑色，"宽度"为2磅，如图2-58所示。

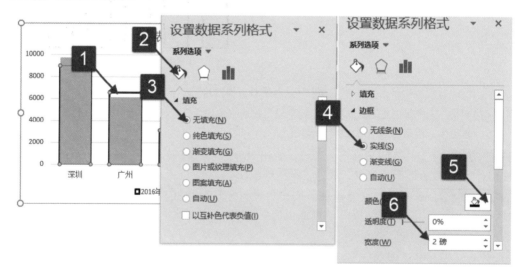

图2-58 设置2016年数据系列格式

楠楠：额，那比2017年小的数据都被2017年遮挡了。

我：别急，我们需要调整一下图表系列的上下显示位置。

STEP 05 单击图表系列后右击，在快捷菜单中选择"选择数据"命令，在"选择数据源"对话框中单击"2017年"数据系列，单击"上移"按钮，将2017年数据系列移动到2016年上面，最后单击"确定"按钮关闭对话框完成操作，如图2-59所示。设置后效果如图2-60所示。

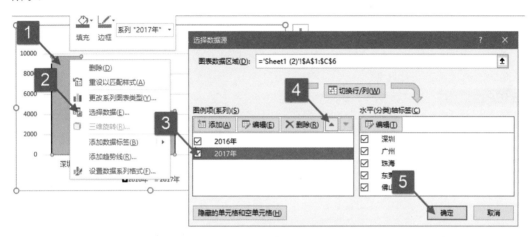

图2-59 调整数据系列位置

最后，调整图表区大小，调整图例显示位置，插入文本框制作图表标题与说明文字，使用单元格填充颜色作为图表背景，最终的效果如图2-61所示。

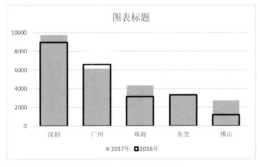

图2-60 设置后效果图

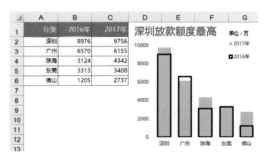

图2-61 双重柱形图对比

2.8 饼图百分比图表

要说面积图与折线图是绝配，那么圆环图与饼图的搭配也不逊色。饼图配合圆环图可以做成很不一样的效果，如图2-62所示的效果图，就是利用饼图与圆环图制作而成的百分比图表。

STEP 01 😃 选中数据A2:B2单元格区域，单击"插入"选项卡，在"图表"功能组中选择"插入饼图或圆环图"命令，选择"圆环图"，如图2-63所示。

图2-62　饼图百分比图表

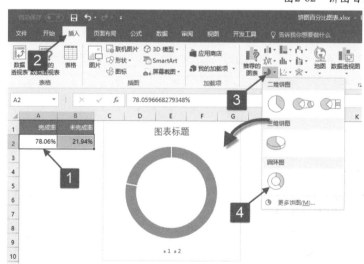

图2-63　插入圆环图

STEP 02 😃 选中数据A2:B2单元格区域，按Ctrl+C组合键复制单元格区域，单击图表，按Ctrl+V组合键粘贴形成两个圆环。

STEP 03 选中图表任意一个系列,单击"插入"选项卡,在"图表"功能组中选择"插入饼图或圆环图"命令,选择"饼图",如图2-64所示。将其中一个系列更改为饼图,如图2-65所示。

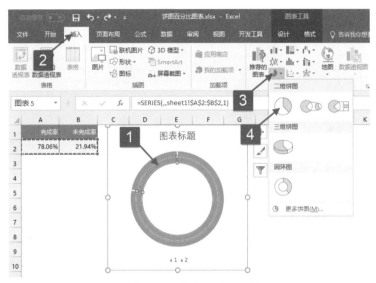

图2-64 更改系列图表类型

STEP 04 分别单击"图表标题""图例"后按Delete键删除。

STEP 05 双击图表圆环系列,调出"设置数据系列格式"选项窗格,切换到"系列选项"选项卡,设置"圆环图内径大小"为90%,如图2-66所示。

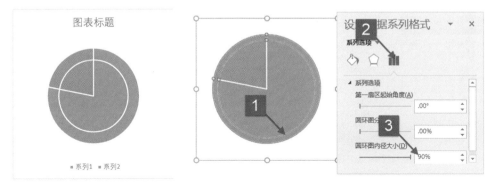

图2-65 更改类型后效果   图2-66 设置圆环图内径

STEP 06 单击图表圆环系列，再单击其中一个圆环段，在"设置数据点格式"选项窗格中切换到"填充与线条"选项卡，设置"填充"为纯色填充并设置"颜色"，如图2-67所示。

同样的方法设置其他圆环段与饼图，设置后效果如图2-68所示。

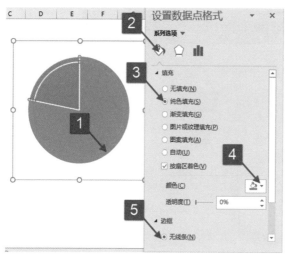

图2-67　设置图表数据点格式

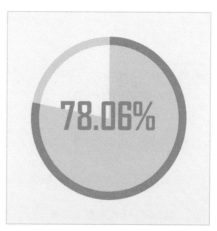

图2-68　效果图

STEP 07 单击图表区，插入文本框，单击文本框，在编辑栏中输入单元格引用，按Enter键结束编辑，如图2-69所示。

最后，设置文本框字体格式，最终效果如图2-70所示。

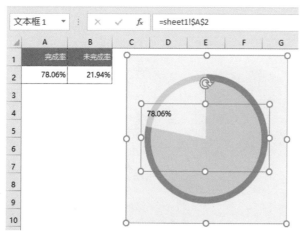

图2-69　设置文本框

图2-70　饼图百分比图表

楠楠：还可以这么用啊，我都快怀疑人生了。

我：如果觉得圆环部分太粗，想再细一些，可以将数据再加入一次，形成两个圆环一个饼图，然后将里面的圆环设置为"无填充""无线条"即可，如图2-71所示。

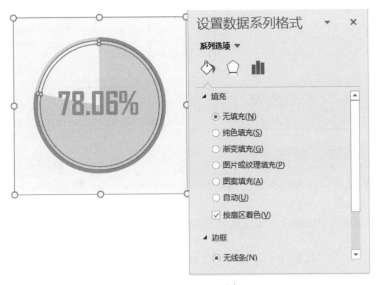

图2-71　缩小圆环图粗细

我：还记得之前教过的散点分布图吗？如图2-72所示。

为更好地体现数据优良区域，我们可以在图表中构建分隔数据点，在毛利率为70%处设置分割，在库存率为25%处设置分割，数据点落在毛利率为70%以上、库存率为25%以下区域的产品为最优，对不同区域的点设置不同的颜色，效果如图2-73所示。

各产品毛利与库存对比分布图

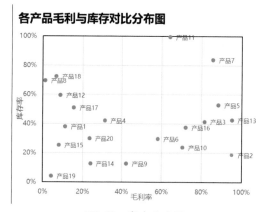

图2-72 散点分布图

各产品毛利与库存对比分布

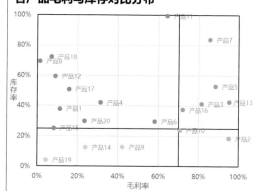

图2-73 分隔区域的散点图

STEP 01 🔧 在E1:G6单元格区域构建数据，如图2-74所示。线1为竖线，X轴都是在0.7的位置，而Y轴则是一个在起点的0跟终点的1上。线2为横线，X轴是一个在起点的0跟终点的1上，而Y轴则都是在0.25上，展示如图2-75所示。

 注意

0.7与0.25可以根据自己需要设置的区域来改变数据。

	E	F	G
1		**X**	**Y**
2	线1	0.7	0
3	线1	0.7	1
4			
5	线2	0	0.25
6	线2	1	0.25
7			

图2-74 构建X、Y数据

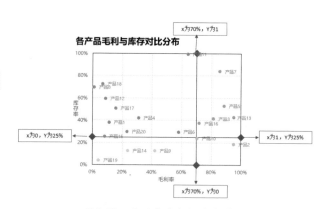

图2-75 分隔散点数据分布展示

将构建好的数据添加到散点图中。

STEP 02 选择F2:G6单元格区域，按Ctrl+C组合键复制区域。单击图表，在"开始"选项卡依次单击"粘贴"下拉按钮，然后选择"选择性粘贴"命令打开"选择性粘贴"对话框。在"选择性粘贴"对话框中设置"添加单元格为"新建系列，设置"数值(Y)轴在"为列，勾选"首列为分类X值"复选框，最后，单击"确定"按钮关闭对话框，如图2-76所示。

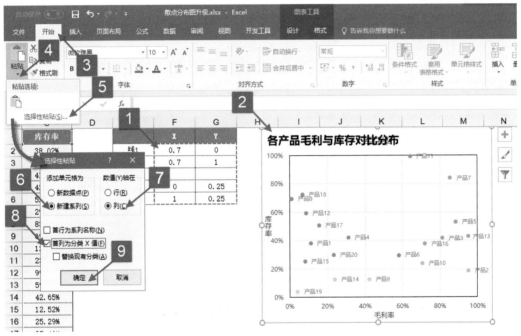

图2-76 增加数据系列

此时散点图包括两个数据系列。

STEP 03 单击散点图中新增的数据系列，在"图表工具"中切换到"设计"选项卡，选择"更改图表类型"命令，调出"更改图表类型"对话框，在"更改图表类型"对话框中的"为您的数据系列选择图表类型和轴"下方选择系列2，将系列2的图表类型更改为"带直线的散点图"，最后单击"确定"按钮关闭对话框。完成图表类型更改，如图2-77所示。更改后效果如图2-78所示。

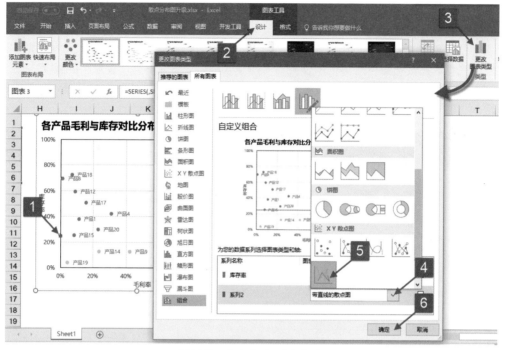

图2-77　更改系列2图表类型

STEP 04 双击图表数据系列2，打开"设置数据系列格式"选项窗格，在"填充与线条"选项卡中设置"线条"为实线，"颜色"为黑色，"宽度"为1磅，最终效果如图2-79所示。

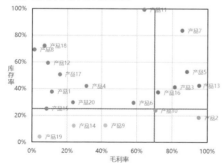

图2-78　更改系列2图表类型后效果

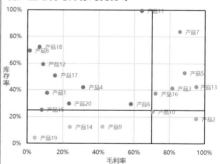

图2-79　散点分布图效果

楠楠：这个散点图上的那些点是怎么设置不同颜色的呢？我选中的话是全部设置了呢？还是一个点一个点设置的？

我：是的，之前讲散点分布图的时候说过，可以选中散点之后再单击某一个点，这样可以单独选中一个点然后设置格式的，但是这里要设置的比较多，可以在设置一个颜色后，选中其他点之后按F4键重复上一次操作来快速完成设置。

楠楠：明白了，我练练手。

我：讲过散点图，我们知道怎么在图表中计算点的位置，那么我们来讲讲滑珠图吧。

楠楠：花猪图？脑补了一下花猪图的效果。

我：是滑珠图。你看过经济学人图表吗，如果看过应该都知道滑珠图为何物的，但是没听过也没关系，一起来看看。

数据如图2-80所示。按照平时一贯的思路，可能直接就用柱形图来制作了吧，但是我们今天来改变思路。做成滑珠图，效果如图2-81所示。

	A	B
1	分类	完成率
2	连衣裙	93%
3	内搭T恤	88%
4	下装	90%
5	针织衣	56%
6	卫衣/套装	87%
7	衬衫	27%
8	短外套	47%

图2-80　数据源

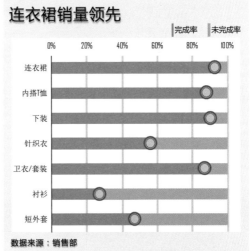

图2-81　简易式滑珠图

我：要不你先猜猜这个是使用什么图表类型制作而成的。

楠楠：额，你上面不是说了散点图吗？是不是使用散点图+误差线啊？

我：是使用散点图，但是误差线做不到一个线条分两种颜色，所以这个柱形呢使用的是堆积条形图，而且使用纯散点图做的话，分类轴标签还需要模拟，因此这里使用堆积条形图更合适。

STEP 01 在C列构建数据。在C2单元格中输入公式，向下复制到C8单元格，作为未完成率部分的条形数据，如图2-82所示。

公式：=1-B2

STEP 02 选中A1:C8单元格区域，单击"插入"选项卡，在"图表"功能组中，选择"插入柱形图或条形图"命令，选择"百分比堆积条形图"，如图2-83所示。

	C2	▼	× ✓ f_x	=1-B2
	A	B	C	
1	分类	完成率	辅助列	
2	连衣裙	93%	7%	
3	内搭T恤	88%	12%	
4	下装	90%	10%	
5	针织衣	56%	44%	
6	卫衣/套装	87%	13%	
7	衬衫	27%	73%	
8	短外套	47%	53%	

图2-82　构建数据

图2-83　插入百分比堆积条形图

我们知道条形图的坐标轴默认是与数据相反的，所以我们将坐标轴逆序类别。

STEP 03 双击图表纵坐标轴，调出"设置坐标轴格式"选项窗格，在"坐标轴选项"选项卡中勾选"逆序类别"复选框，如图2-84所示。

STEP 04 构建散点Y轴数据，使用散点图数据模拟小圆珠。在D列构建Y轴数据，可以从最下面一个单元格往上加，在D8单元格中输入0.5，D7单元格中输入1.5，以此类推，数据如图2-85所示。

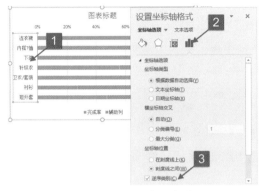

图2-84　设置坐标轴格式

	A	B	C	D
1	分类	完成率	辅助列	Y轴数据
2	连衣裙	93%	7%	6.5
3	内搭T恤	88%	12%	5.5
4	下装	90%	10%	4.5
5	针织衣	56%	44%	3.5
6	卫衣/套装	87%	13%	2.5
7	衬衫	27%	73%	1.5
8	短外套	47%	53%	0.5

图2-85　构建Y轴数据源

楠楠：我不明白为什么是从下往上输入的，而且为什么间隔是1？

我：因为条形图纵坐标轴是逆序的啊，如果Y轴数据不从下往上的话，散点图的纵坐标轴也要跟着逆序，这样数据才能对应上。

为什么间隔是1？问得好，这个是看文本坐标轴图表类型的规律的，一般文本坐标轴第一个数据点的中心就是1，文本分类轴的起始位置一般情况下是0.5，如图2-86所示。

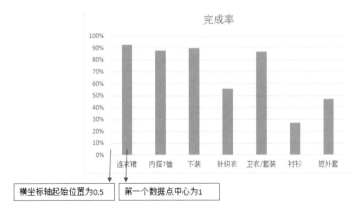

图2-86　坐标轴位置

楠楠：哦，只要是文本分类轴的就都是这个算法，对吗？

我：还有一种情况，就是设置了"坐标轴位置"为在刻度线上的时候，那么文本分类轴的起始位置就是1，也就是第一个数据点中心，如图2-87所示。

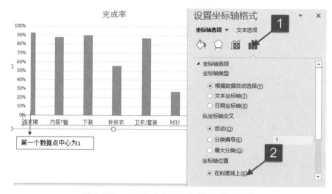

图2-87 设置坐标轴位置后的效果

STEP 05 选中B2:B8区域，按Ctrl键同时选中D2:D8区域，按Ctrl+C组合键复制数据区域，单击图表区，在"开始"选项卡中选择"粘贴"→"选择性粘贴"命令，调出"选择性粘贴"对话框，设置"添加单元格为"为新建系列，"数值（Y）轴在"为列，勾选"首列中的类别（X标签）"复选框，最后，单击"确定"按钮关闭对话框，如图2-88所示。

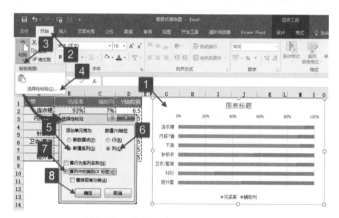

图2-88 选择性粘贴添加数据系列

STEP 06 单击新系列，在"插入"选项卡的"图表"功能组中选择"插入散点图（X、Y）或气泡图"命令，选择"散点图"，如图2-89所示。更改后可以看到在堆积条形图连接处有灰色的散点图系列，如图2-90所示。

美化图表。

STEP 07 单击图表区，在"快速选项按钮"中单击"图表元素"按钮，取消勾选"坐标轴"→"次要纵坐标轴"复选框，取消勾选"图表标题"复选框，取消勾选"图例"复选框，如图2-91所示。

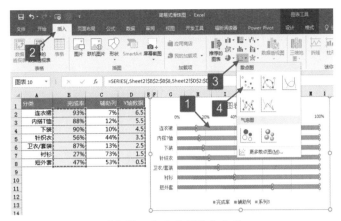

图2-89 更改系列图表类型

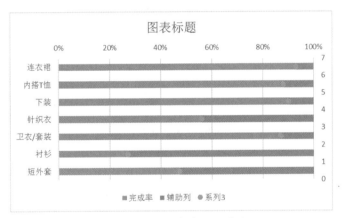

图2-90 更改为散点图后效果

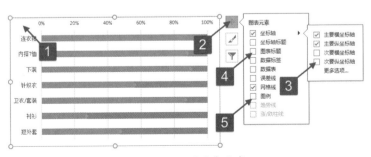

图2-91 设置图表元素

STEP 08 双击图表堆积条形图系列，调出"设置数据系列格式"选项窗格，在"系列选项"选项卡中设置"分类间距"为120。切换到"填充与线条"选项卡，分别设置条形的"填充"与"颜色"。

STEP 09 单击图表散点图系列，在"设置数据系列格式"选项窗格中切换到"填充与线条"选项卡，单击"标记"选项卡，设置"数据标记选项"为内置，"类型"为圆，"大小"为13，"填充"为纯色填充，"颜色"为黄色，"边框"为实线，"颜色"为蓝色，"宽度"为3磅，"短划线类型"为由粗到细，如图2-92所示。

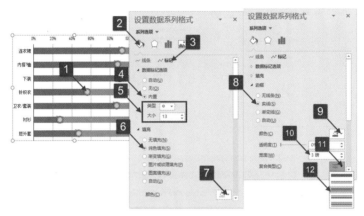

图2-92　设置散点系列格式

最后，使用文本框作为图表标题与说明文字，效果如图2-93所示。

图2-93　美化后的效果

楠楠：脑洞大开啊！原来图例也可以自己用图形跟文本框制作啊，这样感觉比较新颖。

我：是的，没有什么不可以的！想得到的效果都可以进行尝试，只是比默认的要费时间而已，但效果是杠杠滴。

2.11 多重对比滑珠图

前面讲了只有一个数据点的滑珠图，现在我们来做一个多个点的滑珠图，效果如图2-94所示。首先我们来看下数据，如图2-95所示。

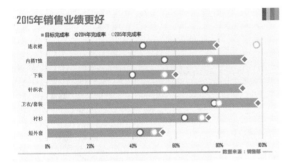

图2-94 多重对比滑珠图

	A	B	C	D
1	分类	目标完成率	2014年完成率	2015年完成率
2	连衣裙	79%	45%	97%
3	内搭T恤	92%	55%	76%
4	下装	60%	40%	55%
5	针织衣	91%	74%	55%
6	卫衣/套装	98%	78%	80%
7	衬衫	75%	64%	72%
8	短外套	54%	43%	50%
9				

图2-95 构建数据

使用目标完成率数据做条形图，操作步骤如下：

STEP 01 选中A1:B8单元格区域，单击"插入"选项卡，在"图表"功能组中单击"插入柱形图或条形图"命令，选择"簇状条形图"，如图2-96所示。

STEP 02 双击图表纵坐标轴，调出"设置坐标轴格式"选项窗格，在"坐标轴选项"选项卡中，设置"横坐标轴交叉"为最大分类，设置"坐标轴位置"为逆序类别，如图2-97所示。

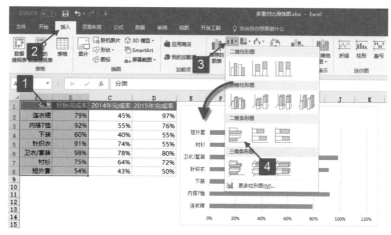

图2-96 插入簇状条形图

STEP 03 单击图表横坐标轴，在"设置坐标轴格式"选项窗格中切换到"坐标轴选项"选项卡，设置坐标轴"边界"的最大值为1，最小值为0。

STEP 04 在E列构建Y轴数据，方法与上一个简易式滑珠图一样，从下往上累加，效果如图2-98所示。

依次添加数据系列到图表中。

STEP 05 选中B1:B8单元格区域，按住Ctrl键，再选中E1:E8单元格区域，按Ctrl+C组合键复制单元格区域。单击图表，在"开始"选项卡依次选择"粘贴"下拉按钮→"选择性粘贴"命令，打开"选择性粘贴"对话框。在"选择性粘贴"对话框中设置"添加单元格为"为新建系列，"数值(Y)轴在"为列，勾选"首行为系列名称"复选框，勾选"首列中的类别（X标签）"复选框，最后单击"确定"按钮关闭对话框，如图2-99所示。

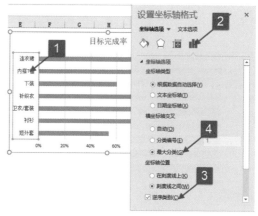

图2-97 设置横坐标轴

	A	B	C	D	E
1	分类	目标完成率	2014年完成率	2015年完成率	Y轴数据
2	连衣裙	79%	45%	97%	6.5
3	内搭T恤	92%	55%	76%	5.5
4	下装	60%	40%	55%	4.5
5	针织衣	91%	74%	55%	3.5
6	卫衣/套装	98%	78%	80%	2.5
7	衬衫	75%	64%	72%	1.5
8	短外套	54%	43%	50%	0.5

图2-98 构建Y轴数据

图2-99　选择性粘贴添加数据系列

同样的方式添加其他数据系列。

选中C1:C8单元格区域，按住Ctrl键，再选中E1:E8单元格区域，添加进图表。选中D1:E8单元格区域，添加进图表。全部添加完成后的效果如图2-100所示。

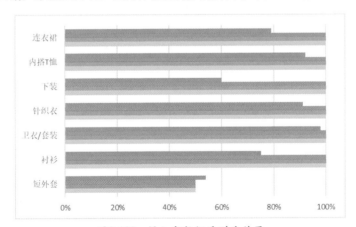

图2-100　添加完数据系列后效果

STEP 06 单击新增加的系列，单击"插入"选项卡，在"图表"功能组中选择"插入散点图（X、Y）或气泡图"命令，选择"散点图"，如图2-101所示。

同样的方法将三个系列均更改为散点图，同样，只要在条形图中添加散点图，散点图默认都会变成"次坐标轴"，图表更改完成后的效果如图2-102所示。

图2-101　更改系列图表类型

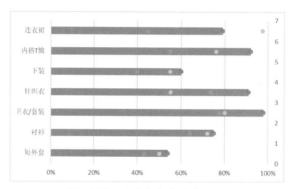

图2-102　更改完成后的效果图

美化方面可以参考简易式滑珠图的操作方法。

最终排版后效果如图2-103所示。

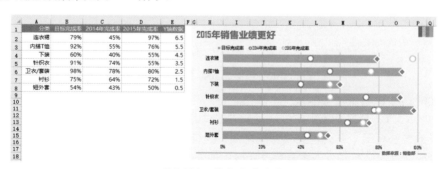

图2-103　排版后效果图

楠楠：芬姐姐，我有点笨，有几个问题问下：1.这个散点中间镂空的是怎么做到的？2.我们做这个图表的时候是有四个系列（条形1个+3个散点），可是图例只显示三个，难道这个图例也是手动制作的吗？

我：嗯，好问题，很多会有这个疑问，是我的疏忽。

1.为什么标记可以设置镂空呢？你只要把标记的填充颜色设置与图表背景颜色一样就可以了，请记住不要设置"无填充"哦，设置"无填充"的话是会看到下面的条形图颜色的，那不是我们要的效果。

2.图例用的是图表自带的图例，而为什么四个系列只显示三个呢？我们可以单击选择图例，这时候是整个图例选中的，再单击其中的某一个系列的图例，按Delete键删除，这样就可以把多余的系列图例删除了。此例子会有两个"目标完成率"系列图例，我们只需要删除其中一个"目标完成率"图例即可。

2.12 不等距刻度与网格线

散点图除了可以模拟柱形、珠子、分割线外，还可以模拟更多，比如模拟网格线。

在Excel中，图表的网格线与刻度轴标签间隔均为一致的，且网格线默认在数据系列之下，如图2-104所示。

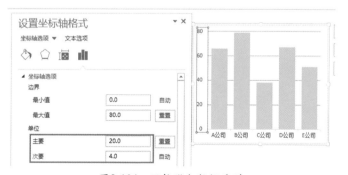

图2-104　网格线与数据系列

假如我们想要以每个柱形的高度来设置网格线，形成不等距的刻度与网格图表，我们就可以使用散点图来制作，制作后效果如图2-105所示。

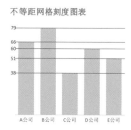

不等距网格刻度图表

图2-105　不等距网格刻度效果图

STEP 01 选中A1:B6区域，单击"插入"选项卡，在"图表"功能组中，选择"插入柱形图或条形图"命令，选择"簇状柱形图"。

STEP 02 双击图表纵坐标轴，调出"设置坐标轴格式"选项窗格，切换到"坐标轴选项"选项卡，设置"边界"的最大值为80，最小值为0，

STEP 03 分别单击"纵坐标轴""图表标题""网格线"，按Delete键删除。

STEP 04 单击图表系列，在"设置数据系列格式"选项窗格中切换至"系列选项"选项卡，设置"间隙宽度"为40%。切换到"填充与线条"选项卡，设置"填充"为纯色填充，"颜色"为橙黄色。

STEP 05 在C列构建散点图的X轴数据，我们需要在纵坐标轴位置生成点，文本分类轴起始位置为0.5，所以X轴数据设置为0.5，如图2-106所示。

	A	B	C
1	名称	销售额	X
2	A公司	66	0.5
3	B公司	79	0.5
4	C公司	38	0.5
5	D公司	60	0.5
6	E公司	51	0.5
7			

图2-106　散点数据

STEP 06 单击图表区，在"图表工具"中单击"设计"选项卡，选择"选择数据"命令，调出"选择数据源"对话框，单击"添加"按钮，调出"编辑数据系列"对话框后直接单击"确定"按钮关闭"编辑数据系列"对话框，最后再单击"确定"按钮关闭"选择数据源"对话框，如图2-107所示。

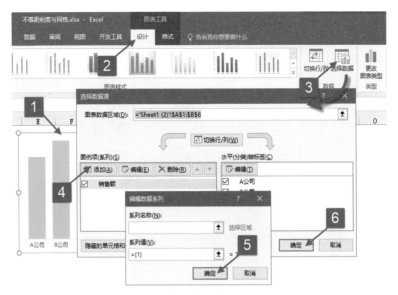

图2-107 添加数据系列

STEP 07 单击新增的数据系列，单击"插入"选项卡，在"图表"功能组中选择"插入散点图（X、Y）或气泡图"命令，选择"散点图"，如图2-108所示。

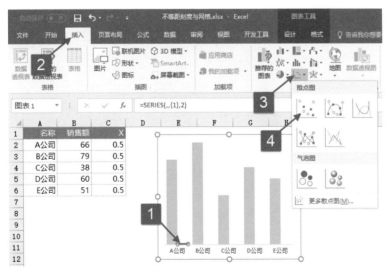

图2-108 更改系列图表类型

STEP 08 单击新增的数据系列，在编辑栏中更改SERIES公式的第二与第三参数，更改后单击编辑栏中的"确认"按钮完成更改，如图2-109所示。更改后效果如图2-110所示。

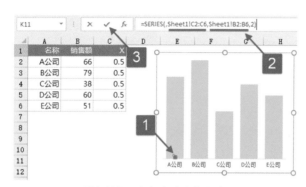

图2-109　更改系列图表公式

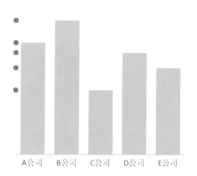

图2-110　添加散点图后效果

STEP 09 单击图表散点系列，在"图表工具"中单击"设计"选项卡，单击"添加图表元素"下拉列表，依次选择"误差线"→"标准误差"选项，如图2-111所示。

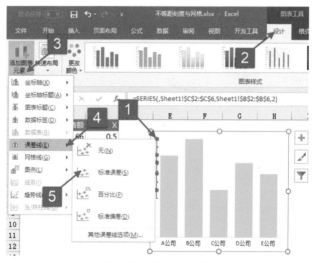

图2-111　添加误差线

STEP 10 单击"系列2 Y误差线"，按Delete键删除。单击图表区，在"图表工具"中单击"格式"选项卡，单击"图表元素"下拉框，选择"系列2 X误差线"，按Ctrl+1快捷键调出"设置误差线格式"选项窗格，切换到"误差线选项"选项卡，设置"水平误差线"的"方向"为正偏差，设置"末端样式"为无线端，设置"误差量"的"固定值"

为5，如图2-112所示。

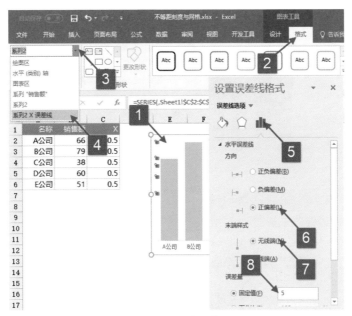

图2-112　设置误差线

STEP 11 　单击散点数据系列，在"快速选项按钮"中单击"图表元素"按钮，勾选"数据标签"。

STEP 12 　单击数据标签，在"设置数据标签格式"选项窗格中切换到"数据标签选项"选项卡，设置"标签位置"为靠左，如图2-113所示。

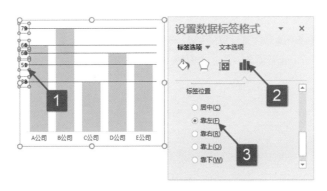

图2-113　设置数据标签位置

STEP 13 😊 单击散点数据系列，在"设置数据系列格式"选项窗格中切换到"填充与线条"选项卡，单击"标记"选项，设置"数据标记选项"为无，如图2-114所示。

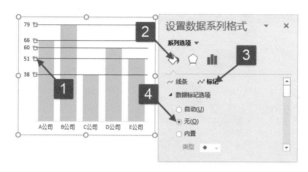

图2-114　设置散点数据标记

设置完成后的最终效果如图2-115所示。

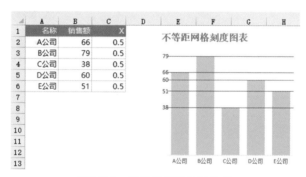

图2-115　不等距刻度与网格线

楠楠：为什么误差量是5啊？

我：文本轴根据图表中的分类来计算误差量。也就是说现在的图表有五个分类，所以误差量为5。

楠楠：嗯，明白了。看着简单，原来还有很多学问啊。

{第3章}

数据重排

3.1 认清分类与系列

Excel中的图表，难的不是多少图表组合在一起，而是怎么改变数据源结构来制作图表。

楠楠：改变数据源结构制作图表是什么意思？是不是像之前讲的条形图一样，对数据进行排序。

我：嗯，那是改变数据源结构的一种，还有在原来的数据表中增加辅助列，也是改变了数据源结构。图表中根据数据结构不同，形成的图表效果也不同。今天，我们先来说一些最简单的也最常用的。

之前我们学过很多图表案例了，也了解了分类与系列的区别。当数据表格结构不一样时，插入的图表分类与系列则会有所不同。

如图3-1所示，数据表格中的数值部分是四行三列的，当我们选中A1:D5单元格插入图表时，Excel默认就以多的那个作为分类，少的作为系列，图3-1中数据行多列少，所以行方向的数据为分类，列方向的数据为系列。那么，横坐标轴上显示的是分类，而图例显示的则是系列。

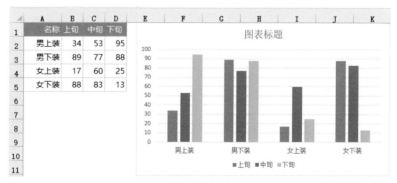

图3-1 行多列少

假如我们不想以默认的这种形式来展示，想以行为系列，列为分类。那么可以单击图表区，在"图表工具"的"设计"选项卡中选择"切换行/列"命令。同样，如果是列多行少，那么列就是分类，行就是系列了，如图3-2所示。

图3-2　列多行少

楠楠：那假如行列一样多呢？

我：行列一样多，那默认就是行为系列，列为分类，如图3-3所示。

图3-3　行列一样多

所以总结一句话，多的是分类，少的是系列，一样多的列为分类，行为系列。

楠楠：晕了，有没有更简单的判断方法呢？

我：有，你选中图表数据系列，看看表格中数据蓝色线框住的区域是行还是列就好了，如图3-4所示。

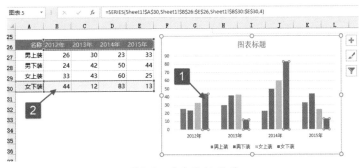

图3-4　选中数据系列

3.2 错行错列数据

按照系列与分类的原理，我们将表格重新排列结构，把数据错行显示，如图3-5所示。

STEP 01 选中F1:I15单元格区域，单击"插入"选项卡，在"图表"功能组中，单击"插入柱形图或条形图"按钮，选择"簇状柱形图"，如图3-6所示。

	A	B	C	D	E	F	G	H	I
1	名称	上旬	中旬	下旬		名称	上旬	中旬	下旬
2	男上装	34	53	95		男上装	34		
3	男下装	89	77	88		男下装	89		
4	女上装	17	60	25		女上装	17		
5	女下装	88	83	13		女下装	88		
6									
7						男上装		53	
8						男下装		77	
9						女上装		60	
10						女下装		83	
11									
12						男上装			95
13						男下装			88
14						女上装			25
15						女下装			13

图3-5 错行结构

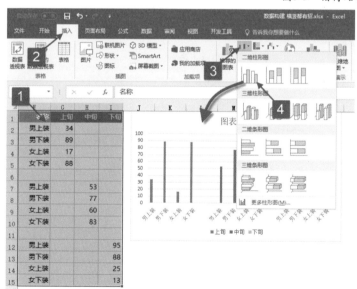

图3-6 插入簇状柱形图

楠楠：啊？这样系列都放在一起显示了。好神奇啊，那为什么那些柱形那么小呢？

我：我们感觉它是一个柱形，但实际上，图表中是三个系列，看图例可以看出，只是部分数据为空，所以在图表中没有显示而已。也就是说，我们将数据错行显示，那些空的单元格在图表中还是有位置存在的，即占位。我们可以在空白单元格中输入数据，看看图表的变化，如图3-7所示。

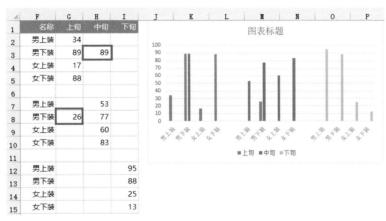

图3-7　添加数据后效果

楠楠：可是这样柱形图太细了也不好看啊。

我：我们可以设置系列重叠啊，因为其他数据都是空的，重叠了也只会看到有数据的柱形。

STEP 02 双击图表数据系列，调出"设置数据系列格式"选项窗格，在"系列选项"中设置"系列重叠"为100%，"间隙宽度"为10%，如图3-8所示。

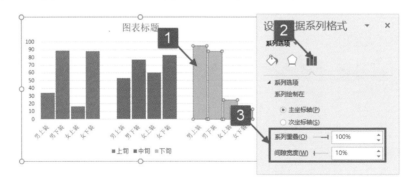

图3-8　设置数据系列格式

楠楠：也就是说如果我在空白单元格中输入数字，那么就会跟这些重叠了。

我：是的。

楠楠：那为什么要中间空一行呢？

我：空一行作为系列与系列之间的间距啊，因为我们设置了间隙宽度为10%，如果没有空行，那么图表效果会成这样的，如图3-9所示。

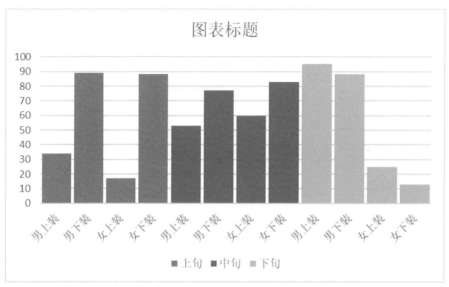

图3-9　没有间距的柱形图

楠楠：哦，原来是这样啊。

我：嗯，没有间隔图表就不美观了。

同样的方式，如果需要以行的数据为系列，那么就将数据横向扩展，也就是错列。数据结构与图表效果如图3-10所示。

图3-10　横向错列

3.3 突出极值的柱形图

我：还记得最开始你问我的时候，我跟你说的那个"多彩柱形图"吗？

楠楠：记得啊，就是每个柱子都设置不同的颜色。

我：那你还记得怎么一个一个设置颜色的吗？

楠楠：当然记得，就是先选中数据系列，然后再单击要设置的数据点，这样就可以单独设置柱形了。

我：嗯，没错。但是这种方法设置的柱形图颜色，只能固定位置。今天我们来讲一个不用一个一个设置，并且可以跟随数据变化而变化位置的。

还记得之前讲组合图表的时候讲过一个案例"突出极值的面积图"吗？数据中添加了一个辅助列，重叠在原来的数据系列之上，当数据变化则会自动跟着变化，无需重新设置格式，如图3-11所示。

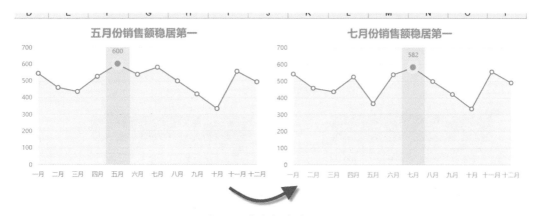

图3-11　突出极值的面积图

使用同样的原理，我们来制作一个突出最大值与最小值的柱形图，如图3-12所示。更改数据源时图表自动变化。

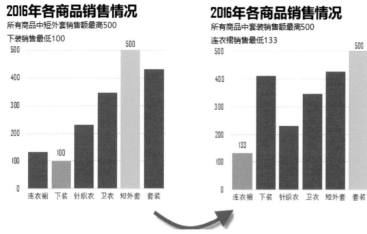

图3-12 突出极值的柱形图

STEP 01 构建"最大值""最小值"数据系列，在C1单元格中输入文字"最大值"，在C2单元格输入公式，公式向下复制至C7单元格。在D1单元格中输入文字"最小值"，在D2单元格输入公式，公式向下复制至D7单元格，如图3-13所示。

C2公式：=IF(B2=MAX(B$2:B$7),B2,0)

D2公式：=IF(B2=MIN(B$2:B$7),B2,0)

C2		×	✓	fx	=IF(B2=MAX(B$2:B$7),B2,0)
	A	B	C	D	
1	分类	销售额	最大值	最小值	
2	连衣裙	133	0	0	
3	下装	100	0	100	
4	针织衣	231	0	0	
5	卫衣	346	0	0	
6	短外套	500	500	0	
7	套装	432	0	0	

D2		×	✓	fx	=IF(B2=MIN(B$2:B$7),B2,0)
	A	B	C	D	
1	分类	销售额	最大值	最小值	
2	连衣裙	133	0	0	
3	下装	100	0	100	
4	针织衣	231	0	0	
5	卫衣	346	0	0	
6	短外套	500	500	0	
7	套装	432	0	0	
8					

图3-13 构建辅助列

楠楠：上次讲的时候是判断了如果不等于返回NA的，这次这里是返回0了？

我：因为这个柱形图啊，NA对柱形图不起作用的。在柱形图中使用NA，还是会有0高的柱子，而且添加数据标签，都会显示NA，你可以自己试一试。

STEP 02 选中数据A1:D7单元格区域，单击"插入"选项卡，在"图表"功能组中选择"插入柱形图或条形图"命令，选择"簇状柱形图"，图表效果如图3-14所示。

STEP 03 双击图表纵坐标轴，调出"设置坐标轴格式"窗格，切换到"坐标轴选项"选项卡，设置坐标轴"边界"的"最小值"为0，"最大值"为500，如图3-15所示。

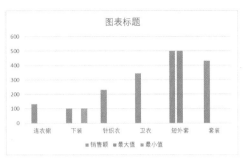

图3-14　簇状柱形图

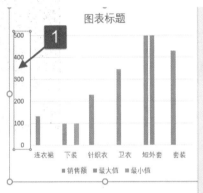 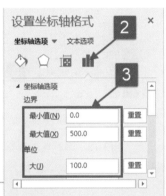

图3-15　设置纵坐标轴格式

STEP 04 单击图表数据系列，在"设置数据系列格式"选项卡中切换到"系列选项"选项卡，设置"系列重叠"为100%，"间隙宽度"为20%，如图3-16所示。

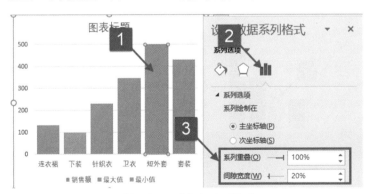

图3-16　设置数据系列格式

STEP 05 切换到"填充与线条"选项卡，分别设置各系列填充与颜色，设置后效果如图3-17所示。

STEP 06 右击图表最大值数据系列，在快捷菜单中依次选择"添加数据标签"→"添加数据标签"命令，如图3-18所示。

同样的方式添加最小值数据系列的数据标签，添加后效果如图3-19所示。

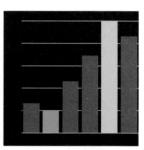

图3-17 设置后效果

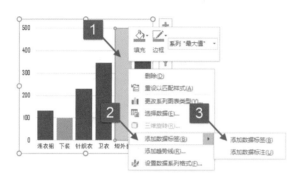

图3-18 添加数据标签

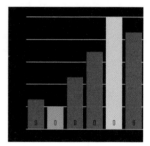

图3-19 添加数据标签效果

将数据标签为0的设置为不显示，操作步骤如下。

STEP 07 单击图表最小值系列数据标签，在"设置数据标签格式"选项卡中切换到"标签选项"选项卡，单击"数字"选项，设置"类别"为自定义，在"格式代码"中输入代码"[>0]0;;;"，单击"添加"按钮，完成更改，如图3-20所示。

同样的方法设置最大值系列数据标签。

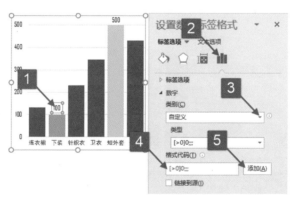

图3-20 设置数据标签格式

楠楠：这个代码是什么意思啊？

我：[>0]表示条件，表示大于0的，按正常数字显示，所以是[>0]0，在自定义代码中，";"分号是条件之间的分隔符，就比如函数中的参数使用"，"逗号分割的。后面连续使用三个";"分号，表示大于0的正常显示，其他的都不显示。

记住，在自定义代码中的符号与公式一样，必须使用半角英文状态下的符号。

如果对这些自定义代码有兴趣的话，可以去研究一下单元格格式里面的"数字"格式。图表中的这个数字格式跟单元格格式是一样的。

最后与单元格排版后效果如图3-21所示。

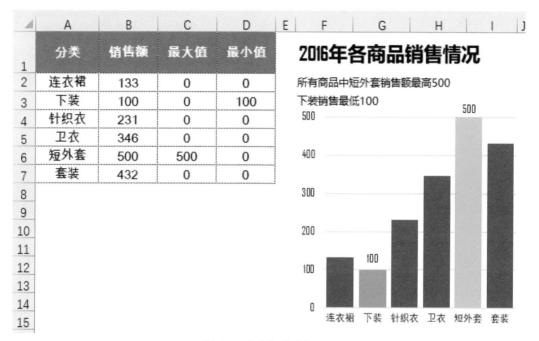

图3-21　突出极值的柱形图

说明文字如果想根据数据变化而变化，可以使用下面的公式来获取对应的数据。

F2公式：="所有商品中"&INDEX(A2:A7,MATCH(MAX(B2:B7),B2:B7,))&"销售额最高"&MAX(B2:B7)

F3公式：=INDEX(A2:A7,MATCH(MIN(B2:B7),B2:B7,))&"销售最低"&MIN(B2:B7)

3.4 长分类标签图表升级

之前讲过如果分类标签比较长，建议使用条形图制作。今天我们再学一种展示的方法，如图3-22所示。将坐标轴显示在数据条之上，这样也为图表节省了空间。

STEP 01 选择A1:B10单元格区域，按住Ctrl键再选择B1:B10单元格区域，在"插入"选项卡中选择"插入柱形图或条形图"命令，选择"簇状条形图"。

美化图表。

STEP 02 双击图表纵坐标轴，调出"设置坐标轴格式"选项窗格。单击"坐标轴选项"选项卡，在"坐标轴选项"选项中勾选"逆序类别"复选框。

STEP 03 单击图表数据系列，在"设置数据系列格式"选项窗格中单击"系列选项"选项卡，设置"系列重叠"为0%，"间隙宽度"为0%，完成调整条形的大小与间距。

STEP 04 单击图表上层的数据系列，在"设置数据系列格式"选项窗格中切换到"填充与线条"选项卡，设置"填充"为无填充，如图3-23所示。

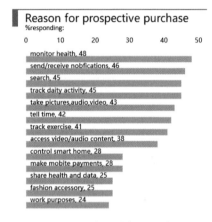

图3-22　长分类标签图表

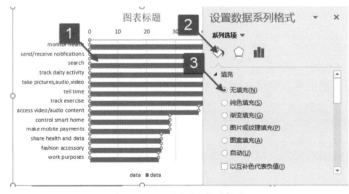

图3-23　设置数据系列格式

STEP 05 🔊 右击图表上层的数据系列，在快捷菜单中依次选择"添加数据标签"→"添加数据标签"命令，如图3-24所示。

STEP 06 🔊 单击图表下层的数据系列，在"设置数据系列格式"选项窗格中切换到"填充与线条"选项卡，设置"填充"为纯色填充，设置"颜色"为土黄色。

STEP 07 🔊 单击图表横坐标轴，在"设置坐标轴格式"选项卡中切换到"坐标轴选项"选项卡，设置"边界"的最小值为0，最大值为50。

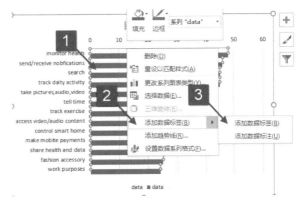

图3-24　添加数据标签

STEP 08 🔊 单击图表区，在"设置图表区格式"选项窗格中切换到"填充与线条"选项卡，设置"边框"为无线条。分别选中"网格线""纵坐标轴""图表标题""图例"，按Delete键依次删除，调整绘图区大小。

STEP 09 🔊 单击上层数据系列的数据标签，在"设置数据标签格式"选项窗格中切换到"标签选项"选项卡，在"标签包括"中勾选"类别名称"复选框，取消勾选"值"复选框。设置"标签位置"为轴内侧。切换到"大小与属性"选项卡，在"对齐方式"选项下取消勾选"形状中的文字自动换行"复选框，如图3-25所示。

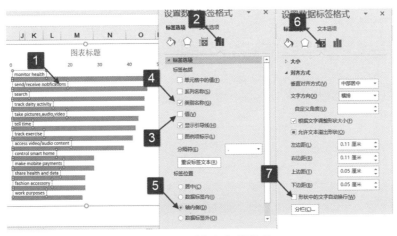

图3-25　设置数据标签格式

此设置的目的为使用设置无填充的数据系列的数据标签来模拟图表的分类标签。
最后单元格填充与边框进行排版，效果如图3-26所示。

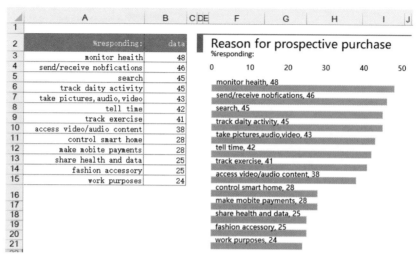

图3-26　长分类标签图表

3.5　花式折线图

楠楠：你说过折线图的标记可以填充图片或者其他比较花哨的东西，比
如呢？

我：嗯，你还记得挺清楚哦，那就拿一个案例来讲讲吧，以下是一份花
店五年的销售数据，我们就用它来制作一个花式的图表吧，数据如图3-27所
示，效果如图3-28所示。

	A	B
1	名称	销售额（万）
2	2013年	66
3	2014年	79
4	2015年	38
5	2016年	67
6	2017年	80
7		

图3-27　花店销售数据

STEP 01 制作图表之前，需要给数据源添加一个辅助列，作为绿叶部分的数据，所以数据设置为5即可，如图3-29所示。

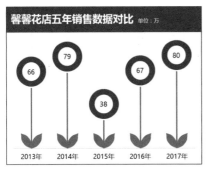

图3-28　花式折线图效果图

	A	B	C
1	名称	销售额（万）	辅助列
2	2013年	66	5
3	2014年	79	5
4	2015年	38	5
5	2016年	67	5
6	2017年	80	5

图3-29　添加数据列的数据

STEP 02 选中数据A2:C6单元格区域，单击"插入"选项卡，在"图表"功能组中选择"插入折线图或面积图"命令，选择"折线图"，如图3-30所示。

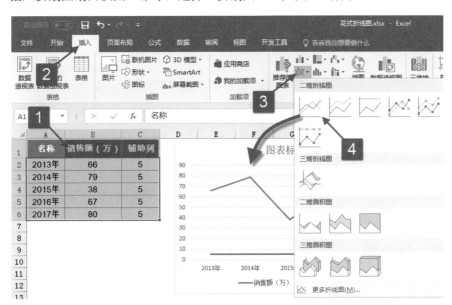

图3-30　插入折线图

使用自选图形制作花形与叶子，具体形状可以根据自己需要设置。

STEP 03 单击"插入"选项卡，选择"形状"命令，在下拉菜单中选择"圆：空心"按钮，按住Shift键在工作表中绘制一个正空心圆，如图3-31所示。

STEP 04 😊 单击正圆，在"绘图工具"中单击"格式"选项卡，设置空心圆的"形状填充"为红色，设置"形状轮廓"为白色，如图3-32所示。

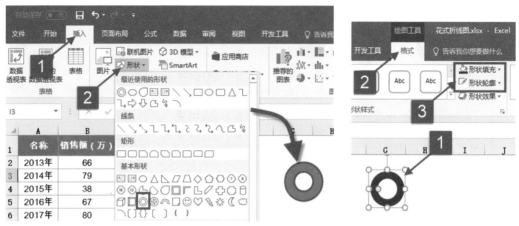

图3-31 插入空心圆　　　　　　　　　图3-32 设置空心圆格式

STEP 05 😊 单击"插入"选项卡，选择"形状"命令，在下拉菜单中选择"椭圆"按钮，在工作表中绘制一个椭圆，如图3-33所示。

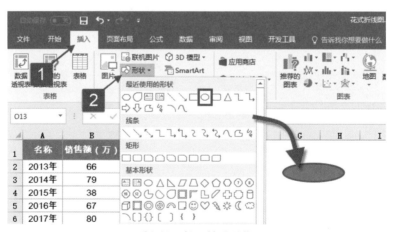

图3-33 插入椭圆形状

STEP 06 😊 右击椭圆形，在快捷菜单中选择"编辑顶点"命令，此时椭圆进入编辑顶点状态，四边出现小黑点，鼠标点击后出现两个空心的调节点，单击椭圆两边的调节点后右击，在快捷菜单中选择"角部顶点"命令，拖动空心调节点完成椭圆形的变形设置，如图3-34所示。

图3-34 调节椭圆形形状

STEP 07 单击调整好的椭圆形，在"绘图工具"中单击"格式"选项卡，设置椭圆的"形状填充"为绿色，设置"形状轮廓"为白色，如图3-35所示。

STEP 08 单击椭圆形，按Ctrl+C快捷键复制图形，按Ctrl+V快捷键粘贴图形，形成两个椭圆形。

STEP 09 单击椭圆形，鼠标停在形状上方出现的旋转点上移动鼠标，可将形状旋转角度，根据自己需要调整旋转角度后松开鼠标即可。设置两个形状旋转角度，效果如图3-36所示。

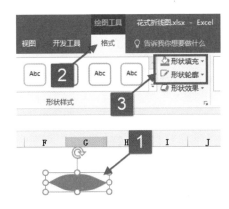

图3-35 设置椭圆形格式

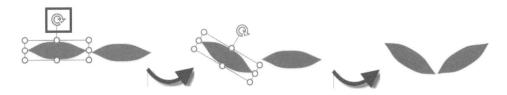

图3-36 旋转图形角度

STEP 10 😲 单击其中一个椭圆形后，按住Ctrl键再单击另外一个椭圆形状，两个图形同时选中后，在"绘图工具"中单击"格式"选项卡，在"排列"功能组中依次选择"组合"→"组合"命令，将两个图形组合成一个，如图3-37所示。

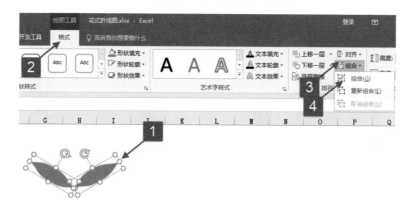

图3-37　组合图形

STEP 11 😲 双击图表纵坐标轴，调出"设置坐标轴格式"窗格，切换到"坐标轴选项"选项卡，设置坐标轴"边界"的"最小值"为0，"最大值"为100，如图3-38所示。分别单击"纵坐标轴""图例""网格线""图表标题"，按Delete键将其删除。

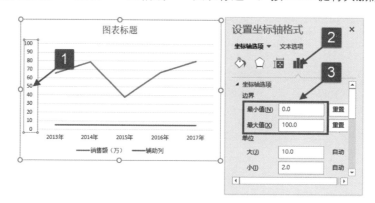

图3-38　设置纵坐标轴格式

STEP 12 😲 单击图表区，在"图表工具"中单击"设计"选项卡，依次选择"添加图表元素"→"线条"→"垂直线"命令，如图3-39所示。

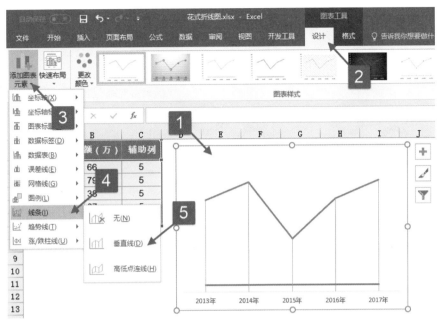

图3-39 给图表系列添加垂直线

STEP 13 选中空心圆，按Ctrl+C快捷键复制图形，单击图表"销售额（万）"数据系列，按Ctrl+V快捷键将空心圆粘贴到系列上，如图3-40所示。

同样的方法将组合好的两个椭圆形粘贴进"辅助列"数据系列中，如图3-41所示。

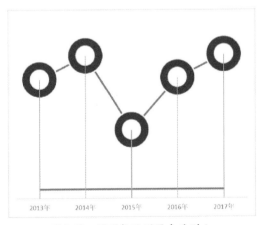

图3-40 图形粘贴到图表系列上

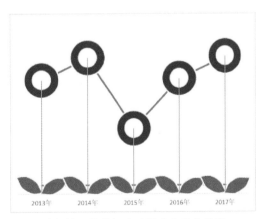

图3-41 图形粘贴到图表系列上效果

STEP 14 单击数据系列，按住Ctrl+1快捷键调出"设置数据系列格式"选项窗格，切换到"填充与线条"选项卡，设置"线条"为无线条，如图3-42所示。

同样的方法将两个数据系列均设置为无线条。

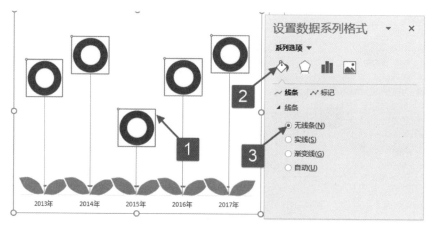

图3-42 设置数据系列格式

STEP 15 单击垂直线，在"设置垂直线格式"选项卡中设置"线条"为实线，"颜色"为绿色，"宽度"为1.25磅，如图3-43所示。

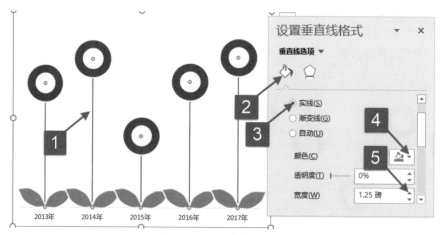

图3-43 设置垂直线格式

STEP 16 单击图表"销售额（万）"数据系列，在"快速选项按钮"中勾选"数据标签"复选框，然后选择"居中"，为数据系列添加数据标签并设置位置为居中，如图3-44所示。

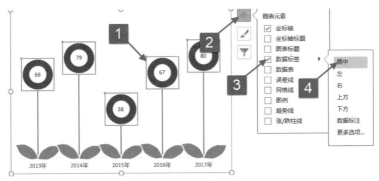

图3-44　添加数据标签

STEP 17 单击图表区，在"设置图表区格式"选项窗格中，切换到"填充与线条"选项卡，设置"边框"为实线，"颜色"为红色，如图3-45所示。

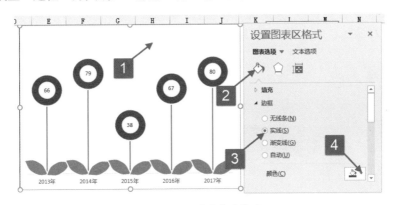

图3-45　设置图表区格式

STEP 18 选中图表，在"插入"选项卡中单击"形状"，选择"文本框"命令，在图表区内绘制一个文本框，输入文字"馨馨花店五年销售数据对比 单位：万"作为图表标题，单独选中"单位：万"设置字体字号，如图3-46所示。

图3-46　图表效果

楠楠：好漂亮，是不是做什么图形都可以啊，感觉好神奇哦。

我：是的，尽情发挥你的想象力吧，让你的图表比别人的高大上吧。

图3-47　数据源

	A	B
1	月份	完成
2	一月	69%
3	二月	70%
4	三月	88%
5	四月	87%
6	五月	68%
7	六月	72%
8	七月	100%
9	八月	80%
10	九月	100%
11	十月	99%
12	十一月	45%
13	十二月	83%
14		

有时候并不是所有数据都只有柱形图、条形图或折线图才能展示的，如图3-47所示，按照以往，我们可能会使用折线图或者柱形图来制作。但是既然学习了图表，那就要多尝试，使用不一样的图表来展示，如图3-48所示。

图3-48　百分比气泡图

楠楠：啊，哈哈，有点像糖葫芦。

我：嗯，要是把颜色设置成红色，那就更像了。

那么怎样做这个图表呢，我们需要构建三列数据。为了插入图表时选择数据方便，我们需要在B列插入两列，并输入对应的值，构建后数据源如图3-49所示。

	A	B	C	D	E
1	月份	X轴	Y轴	完成	目标
2	一月	1	0	69%	100%
3	二月	3	0	70%	100%
4	三月	5	0	88%	100%
5	四月	7	0	87%	100%
6	五月	9	0	68%	100%
7	六月	11	0	72%	100%
8	七月	13	0	100%	100%
9	八月	15	0	80%	100%
10	九月	17	0	100%	100%
11	十月	19	0	99%	100%
12	十一月	21	0	45%	100%
13	十二月	23	0	83%	100%

图3-49　构建数据源

STEP 01 选择数据B2:D13单元格区域，单击"插入"选项卡，在"图表"功能组中选择"插入散点图（X、Y）或气泡图"命令，选择"气泡图"，如图3-50所示。

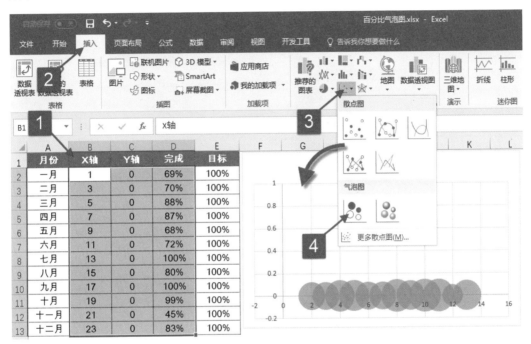

图3-50　插入气泡图

STEP 02 单击图表区，在"图表工具"中单击"设计"选项卡，选择"选择数据"命令，调出"选择数据源"对话框。

在"选择数据源"对话框中单击"添加"按钮，打开"编辑数据系列"对话框，在"系列名称"框中输入目标。在"X轴系列值"中选择B2:B13单元格区域，在"Y轴系列值"中选择C2:C13单元格区域，在"系列气泡大小"中选择E2:E13单元格区域。单击"确定"按钮关闭"编辑数据系列"对话框。

在"选择数据源"对话框中单击新增的"目标"系列，单击"上移"按钮，将"目标"系列移动到后面。最后单击"确定"按钮关闭"选择数据源"对话框，如图3-51所示。

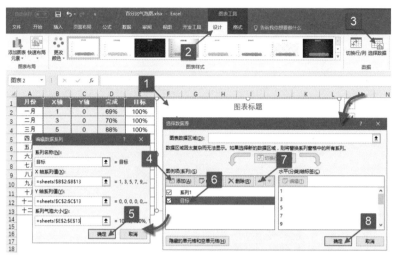

图3-51　添加新系列

STEP 03 双击纵坐标轴，打开"设置坐标轴格式"选项窗格，切换到"坐标轴选项"选项卡，设置"边界"的"最小值"为-0.2，"最大值"为0.2。

单击横坐标轴，在"设置坐标轴格式"选项窗格中切换到"坐标轴选项"选项卡，设置"边界"的"最小值"为-1，"最大值"为25。设置"标签"的"标签位置"为无。

切换到"系列与填充"选项卡，设置"线条"为实线，"颜色"为黑色，"宽度"为1.25磅，"箭头前端类型"为箭头，"箭头后端类型"为箭头，如图3-52所示。

图3-52　设置横坐标轴格式

STEP 04 单击图表区，在"快速选项按钮"中单击"图表元素"按钮，取消勾选"坐标轴"→"主要纵坐标轴"复选框，取消勾选"图表标题"复选框，取消勾选"网格线"复选框，如图3-53所示。

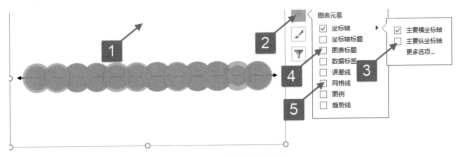

图3-53　删除图表元素

STEP 05 选中完成率系列，勾选"数据标签"复选框。单击图表数据标签，在"设置数据标签格式"选项窗格中切换到"标签选项"选项卡，在"标签包括"中勾选"气泡大小"复选框，取消勾选"Y值"复选框，如图3-54所示。

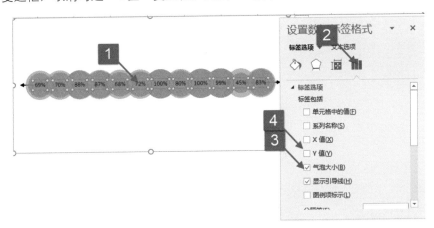

图3-54　设置数据标签格式

STEP 06 单击图表目标系列，在"设置数据系列格式"选项窗格中切换到"填充与线条"选项卡，设置"填充"为纯色填充，"颜色"为绿色，"透明度"为80%，设置"线条"为实线，"颜色"为绿色，"宽度"为0.5磅。

单击图表完成率系列，在"设置数据系列格式"选项窗格中切换到"填充与线条"选项卡，设置"填充"为纯色填充，"颜色"为绿色，设置"线条"为无线条。

最后调整图表大小，效果如图3-55所示。

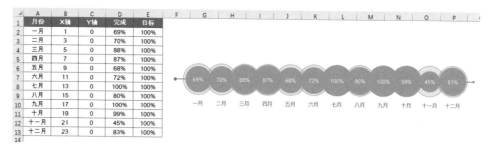

图3-55　百分比气泡图

楠楠：我想把月份的分类标签加入图表中，该怎么办呢？

我：可以使用目标数据系列添加数据标签，然后设置数据标签的位置为"靠下"，并且将数据标签的值更改为单元格中的月份。详细步骤可以参考之前讲解过的两种方式，更改后效果如图3-56所示。

图3-56　添加分类标签

3.7 百分比气泡图升级

除了以上那种展示百分比气泡图之外，我们还可以再构建一下数据，将气泡图的底部对齐，效果如图3-57所示。

图3-57　百分比气泡图

首先将完成率数据降序排序。构建X数据、完成率Y轴、目标Y轴以及目标数据列。这里所有数据都是固定的，只有完成率Y轴需要使用公式计算。在C2单元格输入公式，将公式向下复制至C10单元格。数据结构如图3-58所示。

C2公式：=SQRT(D2)/SQRT(MAX($D$2:$D$10))*E2

制作方式与前一个案例基本一样。只是有两点需要注意。

1.这里的分类项目与数据跟上一个案例不同，所以纵坐标轴"边界"的"最小值"应为0，"最大值"为0.5。横坐标轴"边界"的"最小值"应为0，"最大值"为10。

2.单击图表系列，在"设置数据系列格式"选项窗格中切换到"系列选项"选项卡，设置"大小表示"的"气泡面积"为300，如图3-59所示，这样可以放大气泡图的大小。

C2			×	✓	fx	=SQRT(D2)/SQRT(MAX($D$2:$D$10))*E2	

▲	A	B	C	D	E	F	G
1	名称	X	完成率Y轴	完成率	目标Y轴	目标	
2	牛仔裤	1	14%	100%	14%	100%	
3	卫衣	2	13%	83%	14%	100%	
4	连衣裙	3	12%	72%	14%	100%	
5	打底衣	4	10%	56%	14%	100%	
6	丝袜	5	10%	50%	14%	100%	
7	风衣	6	9%	41%	14%	100%	
8	夹克	7	8%	32%	14%	100%	
9	半身裙	8	7%	28%	14%	100%	
10	衬衫	9	6%	16%	14%	100%	

图3-58　构建数据

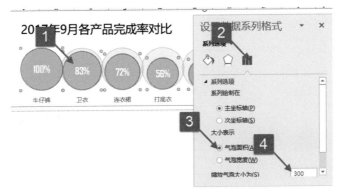

图3-59　设置气泡大小

最终效果如图3-60所示。

X	完成率Y轴	完成率	目标Y轴	目标
1	14%	100%	14%	100%
2	13%	83%	14%	100%
3	12%	72%	14%	100%
4	10%	56%	14%	100%
5	10%	50%	14%	100%
6	9%	41%	14%	100%
7	8%	32%	14%	100%
8	7%	28%	14%	100%
9	6%	16%	14%	100%

图3-60　百分比气泡图

楠楠：哦，这个图是不是就是更改了完成率Y轴上的数据，完成率Y轴的数据需要根据完成率与目标Y轴来进行变化。对吧？

我：是的，具体操作步骤可以参考上一个案例。

3.8 圆角柱形图

之前我们讲"交叉变形柱形图"的时候说过，可以使用自选图形来改变柱形的显示效果。如图3-61所示。看图表效果我们可以看出，数据大的形状比较尖，数据小的则比较平。假如我们想要做一个圆角的柱形图，那么根据数据大小不同，圆角也会变形，如图3-62所示。

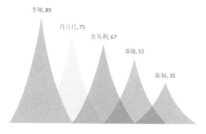

图3-61　交叉变形柱形图

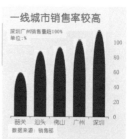

图3-62　变形圆角柱形图

楠楠：嗯，像极了手指饼。那有什么方法可以让它不变形吗？

我：当然有，没有什么可以难倒我们的，如图3-63所示才是我们要的效果。

首先，我们需要把数据结构改一改，既然数据大小会改变形状的圆角程度，那么我们就用固定的数据来做圆角。剩下不一样的数据直接使用柱形就可以了。也就是说，假设圆角部分数据为15，那么我们使用原始数据减去15就是剩下的部分了，所以数据构建如图3-64所示。

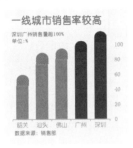

图3-63　圆角柱形图

图3-64　构建数据源

STEP 01　选择数据D1:F6单元格区域，单击"插入"选项卡，在"图表"功能组中选择"插入柱形图或条形图"命令，选择"堆积柱形图"，如图3-65所示。

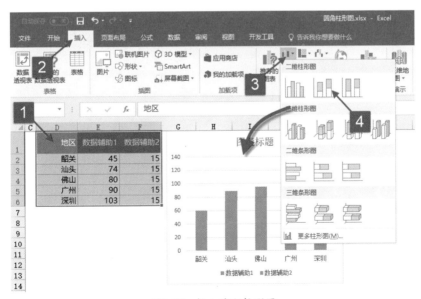

图3-65　插入堆积柱形图

STEP 02 双击图表数据系列，调出"设置数据系列格式"选项窗格，切换到"系列选项"选项卡，设置"间隙宽度"为60%。切换到"填充与线条"选项卡，设置"填充"为纯色填充，"颜色"灰色。如图3-66所示。分别单击最后两个柱形图，设置"颜色"为深红色。

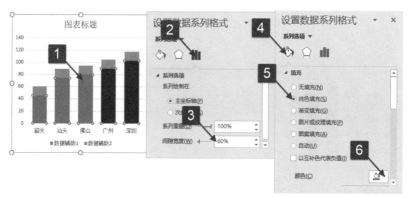

图3-66　设置数据系列格式

STEP 03 单击"插入"选项卡，在"插图"功能组中选择"形状"命令，在"流程图"组中选择"延期"图形，在单元格中绘制形状，如图3-67所示。

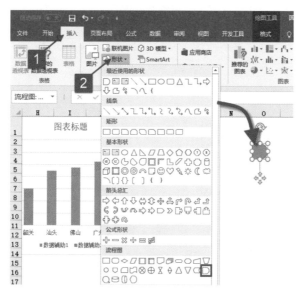

图3-67　插入自选图形

STEP 04 单击形状，在"绘图工具"中单击"格式"选项卡，设置"形状填充"为灰色，设置"形状轮廓"为无轮廓。选择"旋转"命令，选择"向右旋转90°"，如图3-68所示。

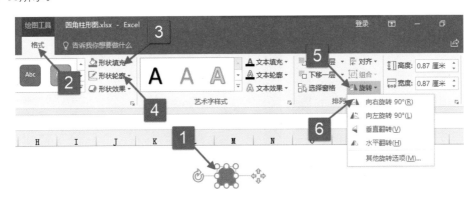

图3-68　旋转形状角度

STEP 05 单击形状，按Ctrl+C组合键复制形状，单击图表"辅助数据2"数据系列，按Ctrl+V组合键粘贴形状，将形状填充进柱形图。

STEP 06 设置"形状填充"为深红色后按Ctrl+C组合键复制形状，分别单击图表"辅助数据2"数据系列后两个数据点，按Ctrl+V组合键粘贴，设置后效果如图3-69所示。

STEP 07 单击图表纵坐标轴，在"设置坐标轴格式"选项窗格中，切换到"坐标轴选项"选项卡，设置"边界"的"最小值"为0，"最大值"为119，设置"单位"的"大"为20，如图3-70所示。

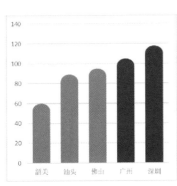

图3-69　粘贴后图表效果

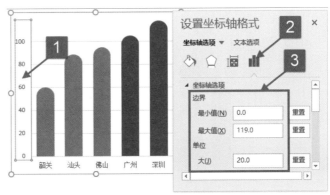

图3-70　设置纵坐标轴格式

STEP 08 单击图表横坐标轴，在"设置坐标轴格式"选项窗格中，切换到"坐标轴选项"选项卡，设置"纵坐标轴交叉"为"最大分类"，将纵坐标轴移动到左边，如图3-71所示。

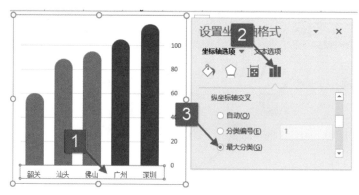

图3-71　设置横坐标轴格式

楠楠：为什么最大值是119，平时不都是整数吗？而且最上面为什么没有网格线也没有刻度值。

我：因为"最大值"是119，而"单位"的"大"是20，当没有达到20就不显示了，这就是我要的目的，形成一种两个数据点超出了100的效果。

楠楠：哦，为什么设置"纵坐标轴交叉"？这又是什么意思啊？

我：横坐标轴的纵坐标轴交叉，就是设置纵坐标轴在横坐标轴上的哪个位置，默认是"自动"，也就是横坐标轴的起始位置，我们想要将他移动到左边，那就是"最大分类"，也就是最大值了。当然也可以指定值，如图3-72所示。

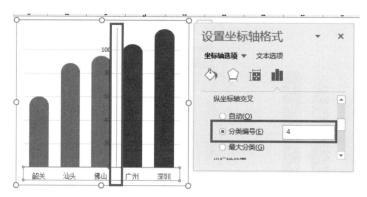

图3-72　指定交叉分类编号

最后还是老套路，使用文本框和单元格与图表排版，最终效果如图3-73所示。

图3-73　圆角柱形图

3.9 多段式折线图

楠楠：芬姐姐，我遇到难题了，今天找了个数据想练练手，结果我回想了一下之前学过的图表，然后发现好像没有适合这组数据的图表，如图3-74所示。

图3-74　数据源

我用柱形图或者折线图做了一下，图表看上去又乱又难看，如图3-75所示。我感觉不合适所以没有进行美化，我想知道有没有更好的展示方式。

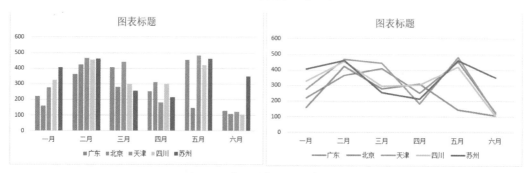

图3-75　杂乱的柱形图与折线图

我：既然都放在一起很杂乱，可以考虑最开始讲数据构建的时候提过的错行错列，将系列与系列分开显示。除了柱形图可以那么做，我们还可以使用折线图，如图3-76所示，就是使用错行错列的原理制作的多段式折线图效果。

STEP 01 构建数据，将数据重新排列结构，将每个系列错行，如图3-77所示。

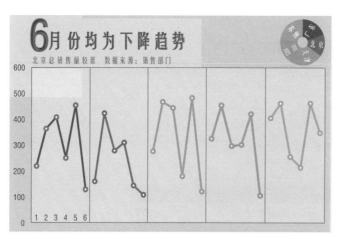

图3-76　多段式折线图

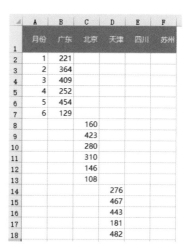

图3-77　构建数据

STEP 02 选中数据B1:F31单元格区域，单击"插入"选项卡，在"图表"功能组中选择"插入折线图或面积图"命令，选择"折线图"，如图3-78所示。

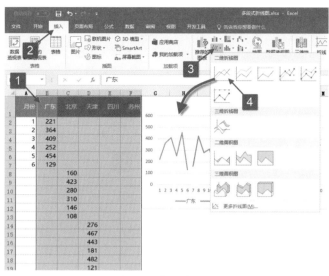

图3-78　插入折线图

STEP 03 　单击图表区，在"图表工具"中单击"设计"选项卡，单击"选择数据"
按钮，打开"选择数据源"对话框，在"水平(分类)轴标签"下单击"编辑"按钮，打开
"轴标签"对话框，设置"轴标签区域"为A2:A31单元格区域，单击"确定"按钮关闭对
话框，如图3-79所示。

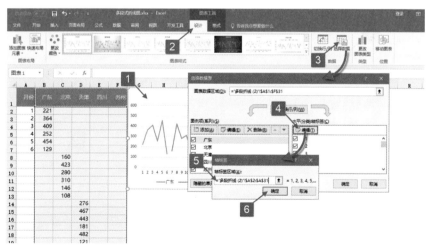

图3-79　编辑水平分类轴标签

STEP 04 😀 分别单击"图例""图表标题""网格线"，按Delete键删除。

STEP 05 😀 单击图表横坐标轴，在"设置坐标轴格式"选项窗格中，切换到"坐标轴选项"选项卡，在"刻度线"选项中设置"刻度线间隔"为6，切换到"填充与线条"选项卡，设置"线条"为无线条，如图3-80所示。

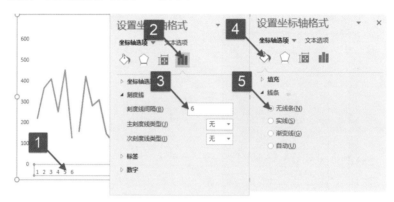

图3-80　设置横坐标轴格式

楠楠：为什么设置"刻度线网格"为6？

我：别急，看后面你就知道了。

STEP 06 😀 单击图表绘图区，在"设置绘图区格式"选项窗格中，切换到"填充与线条"选项卡，设置"边框"为实线，"颜色"为灰色，如图3-81所示。

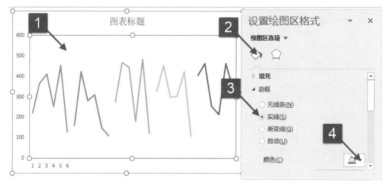

图3-81　设置绘图区格式

STEP 07 😀 分别单击图表折线系列，在"设置数据系列格式"选项窗格中切换到"填充与线条"选项卡，在"线条"选项中设置"线条"为实线并设置"颜色"，"宽度"为2磅。

切换到"标记"选项，设置"数据标记选项"为内置，"类型"为圆形，"大小"为5。设置"填充"为纯色填充，"颜色"为白色，设置"线条"为实线并设置"颜色"，"宽度"为2磅。

STEP 08　单击图表区，在"快速选项按钮"中单击"图表元素"，依次勾选"网格线"→"主轴主要垂直网格线"复选框，如图3-82所示。

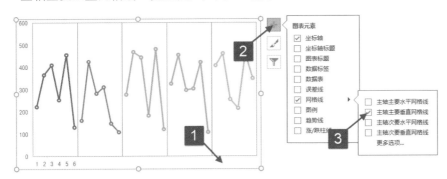

图3-82　添加主轴主要垂直网格线

我：这就是为什么要设置"刻度线网格"为6的原因了，只有设置刻度线网格的间距之后，我们添加网格线才会根据我们设置的间隔显示。否则如果按默认的刻度线网格，效果是这样的，如图3-83所示。

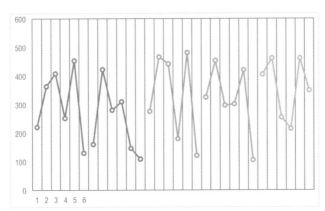

图3-83　密集的网格线

为了将横坐标轴上的数字放入到绘图区中，我们需要设置纵坐标轴的"横坐标轴交叉"位置。

STEP 09　单击图表纵坐标轴，在"设置坐标轴格式"选项窗格中，切换到"坐标轴选项"选项卡,设置"横坐标轴交叉"的"坐标轴值"为60,如图3-84所示。

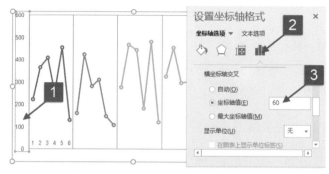

图3-84　设置坐标轴格式

STEP 10　在H1:I6单元格区域计算出各地区总计,如图3-85所示。选中H1:I6单元格区域,单击"插入"选项卡,在"图表"功能组中,选择"插入饼图或圆环图"命令,选择"饼图"。设置饼图各扇区颜色与折线数据系列颜色一致。饼图美化步骤可参照之前讲解过的步骤,此处省略。

	A	B	C	D	E	F	G	H	I	J
1	月份	广东	北京	天津	四川	苏州		地区	总计	
2	1	221						广东	1829	
3	2	364						北京	1427	
4	3	409						天津	1970	
5	4	252						四川	1906	
6	5	454						苏州	2150	
7	6	129								
8			160							

图3-85　添加总计数据

最后,使用文本框制作各地区标签与饼图排版,作为图表图例。最终结合单元格填充颜色与文本框说明文字,图表效果如图3-86所示。

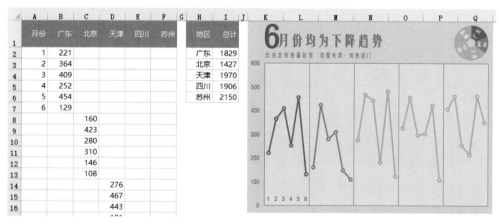

图3-86　多段式折线图

3.10 多段式条形图

除了以上折线图外，我们还可以使用条形图来做，与多段式折线图一样，将每个地区分隔成各自的系列进行对比，如图3-87所示。

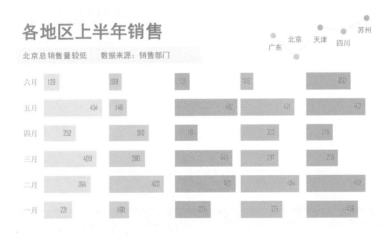

图3-87　多段式条形图

我：看图表效果，你觉得应该是怎么制作的。

楠楠：我想不出这个可以怎么做，就算主次坐标轴，也不可以弄这么多个，但是以折线图的原理，不大可能是做多个图表排版在一起，所以我真不知道怎么操作。

我：其实很简单，你把它看成一个堆积的条形图，然后那些间隔的空白都是存在的系列，只是设置了"填充"为无填充而已。

楠楠：啊？我又感觉我前面都白学了。

我：这个也是占位的一种，所以当你看到一些可以悬空的柱形图或者条形图的时候，你要想象一下，它只不过就是站在透明的椅子上而已。

STEP 01 首先我们需要在每个地区之间插入一列数据，字段名为"占位"，占位数据直接使用整组数据中最大的那个数接近的整数去减掉当前区域当前月份的值就可以。数据结构如图3-88所示。

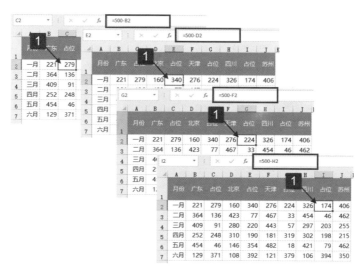

图3-88　构建数据

STEP 02 　选中数据A1:J7单元格区域，单击"插入"选项卡，在"图表"功能组中选择"插入柱形图或条形图"命令，选择"堆积条形图"。

STEP 03 　单击图表区，在"图表工具"中单击"设计"选项卡，在"数据"功能组中选择"切换行/列"命令，如图3-89所示。

图3-89　切换行/列

STEP 04 　双击图表横坐标轴，打开"设置坐标轴格式"选项窗格，切换到"坐标轴选项"选项卡，设置"边界"的"最大值"为2500，"最小值"为0，如图3-90所示。

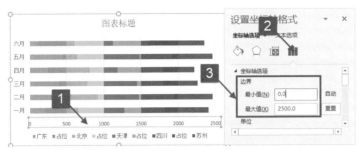

图3-90　设置坐标轴格式

STEP 05 单击图表纵坐标轴，在"设置坐标轴格式"选项窗格中，切换到"坐标轴选项"选项卡，勾选"逆序类别"复选框，如图3-91所示。

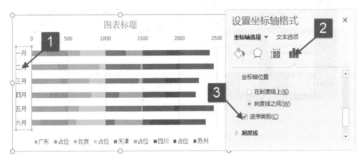

图3-91　设置坐标轴格式

STEP 06 单击图表数据系列，在"设置数据系列格式"选项窗格中，切换到"系列选项"选项卡，设置"间隙宽度"为40%，如图3-92所示。

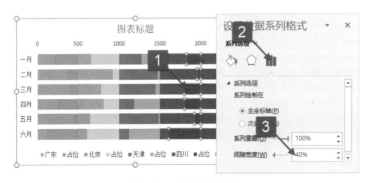

图3-92　设置间隙宽度

STEP 07 分别单击"图表标题""横坐标轴""图例""网格线"，按Delete键删除。

STEP 08 分别单击图表占位数据系列，在"设置数据系列格式"选项窗格中，切换到"填充与线条"选项卡，设置"填充"为无填充。

分别单击图表各区域数据系列，在"设置数据系列格式"选项窗格中，切换到"填充与线条"选项卡，设置"填充"为纯色填充，并设置"颜色"。

分别单击图表各区域数据系列，为各地区数据系列添加"数据标签"。

分别单击各数据标签，在"设置数据标签格式"选项窗格中，切换到"标签选项"选项卡，设置"标签位置"为数据标签内，设置后效果如图3-93所示。

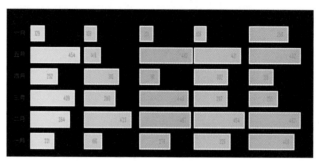

图3-93　效果图

STEP 09 在L1:M5单元格区域，计算各地区总计，选中L1:M5单元格区域，单击"插入"选项卡，在"图表"功能组中，选择"插入折线图或面积图"命令，选择"折线图"，如图3-94所示。

	A	B	C	D	E	F	G	H	I	J	K	L	M	N
1	月份	广东	占位	北京	占位	天津	占位	四川	占位	苏州		地区	总计	
2	一月	221	279	160	340	276	224	326	174	406		广东	1829	
3	二月	364	136	423	77	467	33	454	46	462		北京	1427	
4	三月	409	91	280	220	443	57	297	203	255		天津	1970	
5	四月	252	248	310	190	181	319	302	198	215		四川	1906	
6	五月	454	46	146	354	482	18	421	79	462		苏州	2150	
7	六月	129	371	108	392	121	379	106	394	350				
8														

图3-94　计算总计

设置折线图格式，将折线图作为堆积条形图的图例，设置单元格填充颜色与添加文本框，与堆积条形图排版后效果如图3-95所示。

图3-95　多段式条形图

3.11　多段式柱形图

既然可以做多段式条形图，那么也可以做多段式柱形图，也就是把多段式条形图改个方向，效果如图3-96所示。数据构建方式与"多段式条形图"是一样的。

STEP 01　选中数据A1:J7单元格区域，单击"插入"选项卡，在"图表"功能组中选择"插入柱形图或条形图"命令，选择"堆积柱形图"。

STEP 02　单击图表区，在"图表工具"中单击"设计"选项卡，在"数据"功能组中选择"切换行/列"命令，效果如图3-97所示。

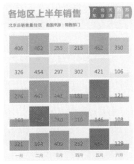

图3-96　多段式柱形图

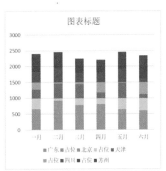

图3-97　图表效果

STEP 03 分别单击"图表标题""图例"，按Delete键删除。

STEP 04 双击图表纵坐标轴，打开"设置坐标轴格式"选项窗格，切换到"坐标轴选项"选项卡，设置"边界"的"最小值"为0，"最大值"为2500，设置"单位"的"大"为500，设置"标签"的"标签位置"为无。

STEP 05 单击图表数据系列，在"设置数据系列格式"选项窗格中切换到"系列选项"选项卡，设置"间隙宽度"为0%，如图3-98所示。

STEP 06 分别单击图表"占位"数据系列，在"设置数据系列格式"选项窗格中切换到"填充与线条"选项卡，设置"填充"为无填充。

分别单击图表各地区数据系列，在"设置数据系列格式"选项窗格中切换到"填充与线条"选项卡，设置"填充"为纯色填充，并设置"颜色"。设置"线条"为实线，"颜色"为白色。

单击图表网格线，在"设置网格线格式"选项窗格中切换到"填充与线条"选项卡，设置"线条"为实线，"颜色"为白色，"宽度"为2磅。设置后的图表效果如图3-99所示。

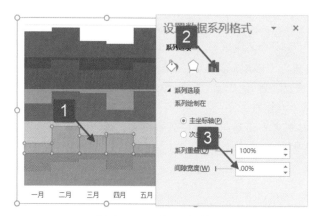

图3-98　设置数据系列格式

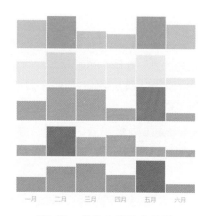

图3-99　美化后的图表效果

STEP 07 分别单击图表各区域数据系列，为各地区数据系列添加"数据标签"。

分别单击各数据标签，在"设置数据标签格式"选项窗格中，切换到"标签选项"选项卡，设置"标签位置"为"轴内侧"。

STEP 08 单击"插入"选项卡，在"插图"功能组中选择"形状"命令，在"流程图"图形组中选择"库存数量"，如图3-100所示。

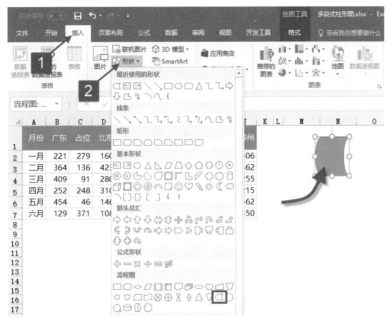

图3-100　插入形状

STEP 09 单击"库存数量"形状，在"绘图工具"中单击"格式"选项卡，依次选择"旋转"→"水平翻转"命令，在"形状样式"功能组中设置"形状填充"（按照柱形图颜色填充），设置"形状轮廓"为"无轮廓"。

按Ctrl键拖动形状，可复制形状（根据地区个数复制形状个数，分别设置图表中系列对应的颜色）。

插入文本框输入各地区文字，与"库存数量"形状对齐排版，效果如图3-101所示。

图3-101　图例效果

最后添加文本框作为图表标题与说明文字，将图例与图表进行排版，排版后效果如图3-102所示。

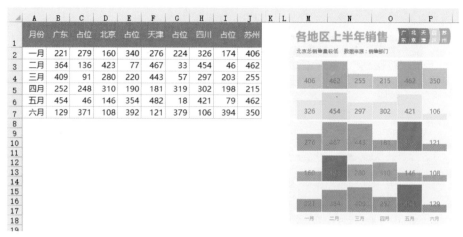

图3-102　排版后效果

除了以上方式制作此类数据图表，还可以有更多的方式，读者可以尽情地发挥想象。

3.12 多分类圆环图

百分比图表可以有更多方式来展示，如图3-103所示。使用圆环图就完成了这么一个颜值非常高的图表。

此图很适合PPT展示，比较美观，制作方式也非常简单哦。

一般原始数据中只有完成率，我们需要自己计算未完成率。所以这里需要将数据转换为如图3-104所示的数据。

各年份完成率展示

图3-103　多分类圆环图

STEP 01　选中数据D1:E6单元格区域，单击"插入"选项卡，在"图表"功能组中选择"插入饼图或圆环图"命令，选择"圆环图"，如图3-105所示。

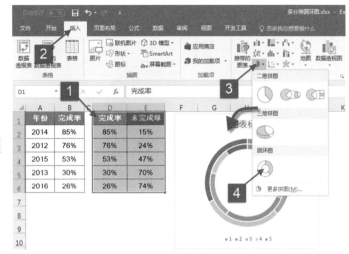

图3-104　数据源

图3-105　插入圆环图

STEP 02　单击图表区，在"图表工具"中单击"设计"选项卡，在"数据"功能组中选择"切换行/列"命令，如图3-106所示。

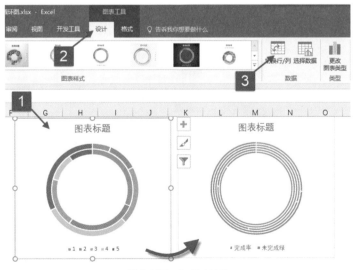

图3-106　切换行/列

STEP 03 双击图表数据系列，打开"设置数据系列格式"选项窗格，切换到"系列选项"选项卡，设置"第一扇区起始角度"为180°，"圆环图内径大小"为32，如图3-107所示。

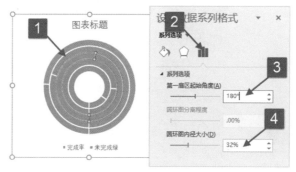

图3-107　设置数据点格式

分别单击"未完成率"数据系列，在"设置数据点格式"选项窗格中切换到"填充与线条"选项卡，设置"填充"为无填充，设置"边框"为无线条，如图3-108所示。

> 注意
>
> 圆环图与饼图一样，想要设置其中一个圆环段，只能单击一次选中整个圆环，再单击要设置的圆环段才可单独选中后进行设置。

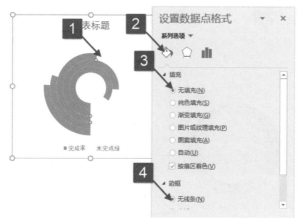

图3-108　设置数据系列格式

STEP 04 分别单击"完成率"数据系列，在"设置数据点格式"选项窗格中切换到"填充与线条"选项卡，设置"填充"为纯色填充，并设置"颜色"，设置"边框"为无线条，如图3-109所示。

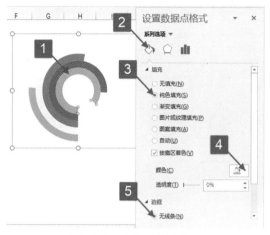

图3-109　设置数据点格式

楠楠：效果图不是这样的啊，效果图不是有部分出来的，还可以显示数据标签的吗？

我：是的，但那可以不是默认的图表元素啊。可以使用单元格填充颜色，并且写入对应的分类与数据，如图3-110所示。在A23:B27单元格中输入对应的数据，设置颜色与圆环图系列颜色一致。

STEP 05 选择A20:B27单元格区域，按Ctrl+C组合键复制单元格区域，鼠标停在任意一个空白的单元格中右击，在快捷菜单中依次选择"选择性粘贴"→"链接的图片"菜单命令，如图3-111所示。将A20:B27单元格区域粘贴为图片，且图片会根据A20:B27单元格区域数据变化而变化。

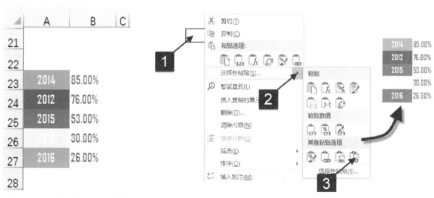

图3-110　单元格设置格式　　　　图3-111　链接的图片

STEP 06 👣 单击链接的图片，调整图片大小与圆环图对齐，最终效果如图3-112所示。

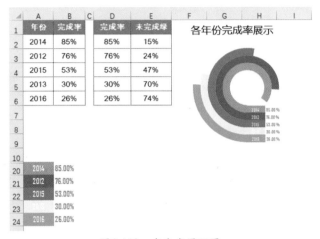

图3-112　多分类圆环图

3.13 不同量级数据图表对比

楠楠：我看到有人在网上问这么一个问题，就是如图3-113所示的数据源，如何用图表来展示啊，这个用量明显很大差距。感觉做成一个图表，会有三个完全看不到趋势，但是如果设置主次坐标轴，也没办法呈现很好的显示效果。

年份	A	B	C	D
15"	38217	781	1.04	0.68
16"	33909	785	1.78	0.85
17"	27761	546	1.44	0.09

图3-113　多量级数据源

我：这样的数据，要不就是做成四个图表，如果不想做成四个图表，只能将数据重新计算。将所有数据都以一个数据缩小计算，这里将每个分类的最大值以0.5计算，其他数据均按比例得出。在G1:K4单元格区域重新计算数据，在H2单元格中输入公式，将公式向下复制至K4单元格区域，如图3-114所示。

H2公式：=IF(MAX(B$2:B$4)=B2,0.5,B2/MAX(B$2:B$4)*0.5)

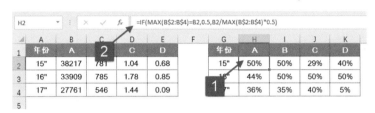

图3-114　重新计算数据源

为了让图表能更直观，我们将分类数据放在一起展示，所以还记得之前讲过的数据错行错列么？

STEP 01 将G1:K4单元格区域更改为如图3-115所示的显示结构。

	A	B	C	D	E	F	G	H	I	J	K	L	M	N	O	P
1	年份	A	B	C	D		年份	A	B	C	D		分类	年份	系列1	系列2
2	15"	38217	781	1.04	0.68		15"	50%	50%	29%	40%		A	15"	50%	
3	16"	33909	785	1.78	0.85		16"	44%	50%	50%	50%		A	16"	44%	
4	17"	27761	546	1.44	0.09		17"	36%	35%	40%	5%		A	17"		36%
5																
6													B	15"	50%	
7													B	16"	50%	
8													B	17"		35%
9																
10													C	15"	29%	
11													C	16"	50%	
12													C	17"		40%
13																
14													D	15"	40%	
15													D	16"	50%	
16													D	17"		5%

图3-115　重新排列数据结构

楠楠：为什么是系列1跟系列2呢？之前不是一个分类一列吗？

我：这里我们只想突出显示17年的数据就好了，其他的数据都用一个颜色，所以就把一样颜色的放在同一列。之前我们将一个分类放一列，是因为想要分类都设置成不同的颜色展示。

STEP 02 选择数据N1:P16单元格区域，单击"插入"选项卡，在"图表"功能组中选择"插入柱形图或条形图"命令，选择"簇状柱形图"，如图3-116所示。

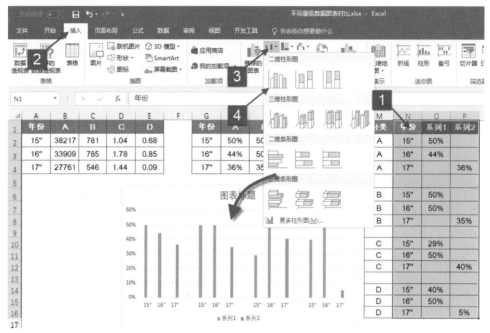

图3-116 插入柱形图

STEP 03 双击图表"系列1"数据系列，打开"设置数据系列格式"选项窗格，切换到"系列选项"选项卡，设置"系列重叠"为100%，设置"间隙宽度"为10%。切换到"填充与线条"选项卡，设置"填充"为纯色填充，"颜色"为黑色，如图3-117所示。

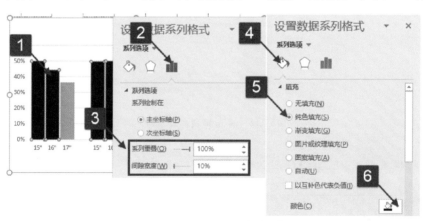

图3-117 设置数据系列格式

STEP 04 🙂 单击图表"系列2"数据系列，在"设置数据系列格式"选项窗格中，切换到"填充与线条"选项卡，设置"填充"为纯色填充，"颜色"为黄色，如图3-118所示。

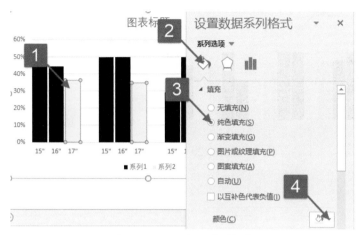

图3-118　设置数据系列格式

STEP 05 🙂 单击纵坐标轴，在"设置坐标轴格式"选项窗格中，切换到"坐标轴选项"选项卡，设置"边界"的"最小值"为0，"最大值"为0.7，如图3-119所示。

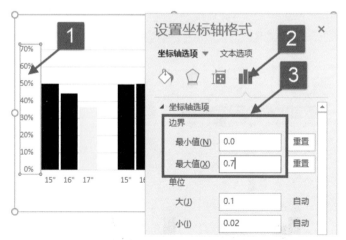

图3-119　设置坐标轴格式

STEP 06 🙂 单击图表区，在"快速选项按钮"中单击"图表元素"，依次取消勾选"坐标轴"→"主要纵坐标轴"复选框，勾选"数据标签"复选框，取消勾选"网格线"

复选框，取消勾选"图例"复选框，如图3-120所示。

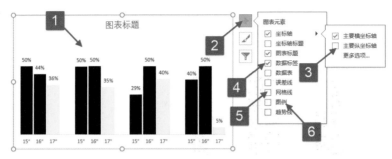

图3-120　图表元素

由于图表使用的是重新计算的数据进行制作的，所以数据标签显示是不正确的，需要更改数据标签数值。

读者可直接在"设置数据标签格式"选项窗格中，设置"标签选项"中的"单元格中的值"，将标签数据更改为原始数据值。

STEP 07 这里使用手动更改数据标签值。单击数据标签，再次单击其中一个数据标签，例如"A"的"15年"数据标签，这时候"A"的"15年"数据标签是单独选中状态，周围控制点均变成空心圆的状态，然后在编辑栏中输入"="等号，单击"B2"单元格，最后单击编辑栏中的"输入"按钮完成编辑。这时候"A"的"15年"数据标签和"B2"单元格已经关联在一起，"B2"单元格中的值变化，数据标签也会跟着变化，操作如图3-121所示。

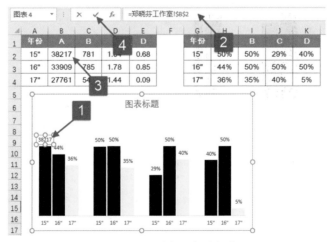

图3-121　更改数据标签格式

第 3 章   数据重排

STEP 08 如果想在各分类区域中标识分类名称，并且在各分类之间插入一个网格线作为分割，效果如图3-122所示。达到这样的效果。可使用文本框制作分类说明，使用直线作为分割线。

除了使用自选图形的直线与文本框之外，我们还可以使用散点图来模拟。散点数据如图3-123所示。

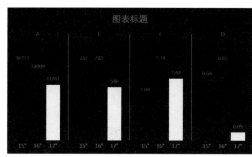

	A	B	C
6	**X**	**Y**	**误差值**
7	2	70%	
8	4	70%	70%
9	6	70%	
10	8	70%	70%
11	10	70%	
12	12	70%	70%
13	14	70%	

图3-122　效果图　　　　　　图3-123　散点系列数据

STEP 09 选择A6:B13单元格区域，按Ctrl+C组合键复制区域。单击图表区，在"开始"选项卡依次选择"粘贴"→"选择性粘贴"命令打开"选择性粘贴"对话框。在"选择性粘贴"对话框中设置"添加单元格为"为新建系列，"数值(Y)轴在"为列，勾选"首行为系列名称"复选框，勾选"首列中的类别(X标签）"复选框，最后单击"确定"按钮关闭对话框，如图3-124所示。

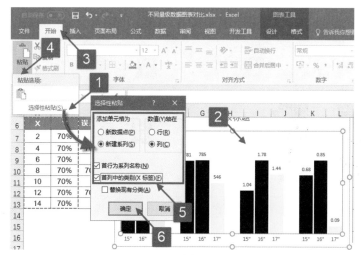

图3-124　选择性粘贴

STEP 10 😊 单击新系列，在"插入"选项卡的"图表"功能组中选择"插入散点图（X、Y）或气泡图"命令，选择"散点图"，如图3-125所示。

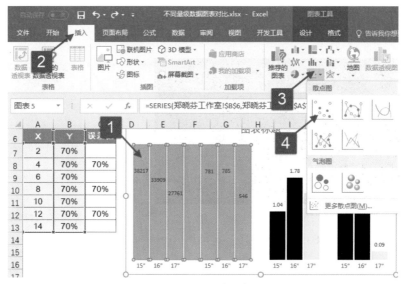

图3-125　更改系列图表类型

STEP 11 😊 双击图表散点数据系列，打开"设置数据系列格式"选项窗格，切换到"系列选项"选项卡，设置"系列绘制在"为主坐标轴。切换到"填充与线条"选项卡，在"标记"选项中设置"数据标记选项"为无，如图3-126所示。

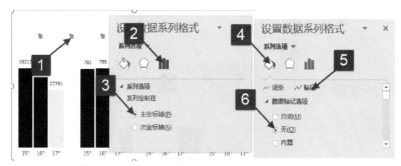

图3-126　设置数据系列格式

STEP 12 😊 单击图表散点数据系列，在"图表工具"中单击"设计"选项卡，单击"添加图表元素"下拉列表，依次选择"误差线"→"标准误差"命令，如图3-127所示。

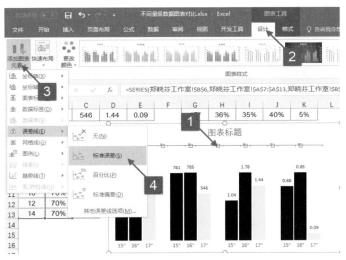

图3-127　添加误差线

STEP 13　单击X误差线，按Delete键删除。单击Y误差线，在"设置误差线格式"选项窗格中，切换到"误差线选项"选项卡，设置"垂直误差线"的"方向"为负偏差，设置"末端样式"为无线端，设置"误差量"为自定义，单击"指定值"按钮打开"自定义错误栏"对话框，设置"负错误值"为C7:C13单元格区域，单击"确定"按钮关闭对话框，如图3-128所示。

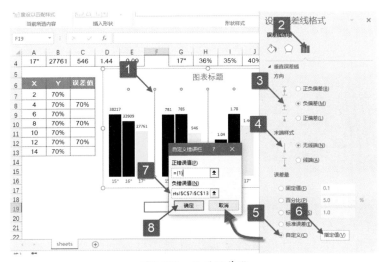

图3-128　设置误差线

楠楠：自定义的意思是每个误差线的值都可以根据需要设置，只要我把数据写入表格中，然后选择那个区域就可以了吗？

我：是的，有时候我们利用散点的误差线模拟一些效果，如果使用固定值或者其他，所有误差线都是一样大小的，但是有时候并不是所有点的误差线都是一样的误差值，这种情况我们就可以将误差值做成表格，然后使用自定义来指定值。

最后给散点图添加数据标签，将多余的数据标签单独选中之后按Delete键删除，将保留的数据标签更改为分类名称，最终效果如图3-129所示。

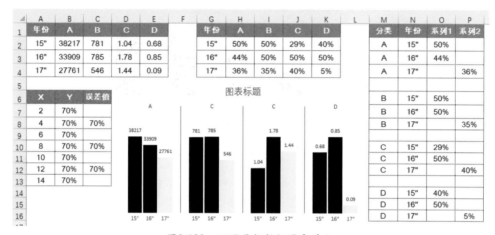

图3-129　不同量级数据图表对比

3.14 正负标签对比图

前面讲了很多关于占位的例子，但是还是会有很多图表一眼看去不知道是怎么做的，接下来我们继续来看看那些悬空的或者说居中的图表是怎么改变数据结构制作而成的。

当分类标签比较长，且数据有正负的时候，可以制作成这种效果，如图3-130所示。

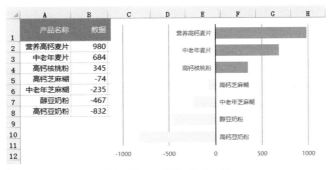

图3-130　正负标签对比图

STEP 01 　在C列添加辅助列，当分类数据为正数时，辅助列数据为-100，当分类数据为负数时，辅助列数据为100，如图3-131所示。

> **注意**
> 辅助列数据根据分类数据大小而定。

STEP 02 　选中数据A1:C8单元格区域，单击"插入"选项卡，在"图表"功能组中选择"插入柱形图或条形图"命令，选择"簇状条形图"。

STEP 03 　双击图表纵坐标轴，打开"设置坐标轴格式"选项窗格，切换到"坐标轴选项"选项卡，勾选"逆序类别"复选框，设置"横坐标轴交叉"为最大分类，如图3-132所示。

设置完纵坐标轴，按Delete键删除纵坐标轴。

STEP 04 　单击图表"数据"系列格式，在"设置数据系列格式"选项窗格中切换到"系列选项"选项卡，设置"系列重叠"为100%，"间隙宽度"为54%。

	A	B	C
1	产品名称	数据	分类轴辅助
2	营养高钙麦片	980	-100
3	中老年麦片	684	-100
4	高钙核桃粉	345	-100
5	高钙芝麻糊	-74	100
6	中老年芝麻糊	-235	100
7	醇豆奶粉	-467	100
8	高钙豆奶粉	-832	100

图3-131　重构数据源

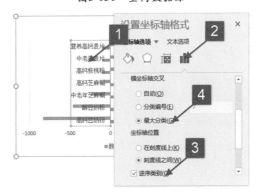

图3-132　设置纵坐标轴格式

切换到"填充与线条"选项卡，设置"填充"为纯色填充，勾选"以互补色代表负值"复选框，设置"填充颜色"为蓝色，"逆转填充颜色"为黄色，如图3-133所示。

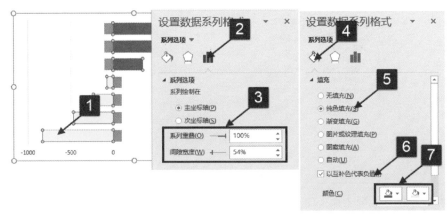

图3-133　设置数据系列格式

STEP 05　单击辅助数据系列，在"设置数据系列格式"选项窗格中切换到"填充与线条"选项卡，设置"填充"为无填充。设置后为辅助数据系列添加"数据标签"。

STEP 06　单击数据标签，在"设置数据标签格式"选项窗格中切换到"标签选项"选项卡，在"标签包括"中勾选"类别名称"复选框，取消勾选"值"复选框，设置"标签位置"为轴内侧，如图3-134所示。最终效果如图3-135所示。

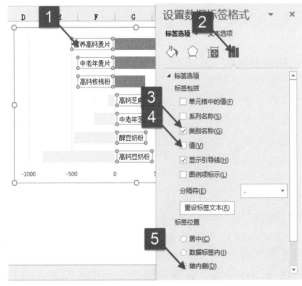

图3-134　设置数据标签格式

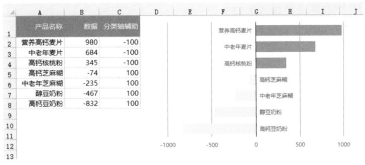

图3-135　正负标签对比图

楠楠：这个为什么不用堆积条形图做呢？用堆积条形图做还不用设置"系列重叠"，不是更方便吗？

我：堆积条形图的数据标签位置无法设置为"轴内侧"，所以还是需要使用簇状条形图的，不信你可以自己试试呀。

有时候制订了项目计划，项目计划会规定开始时间与结束时间，如图3-136所示。想要使用图表直观地查看每个项目使用的天数与完成进度。我们可以使用项目进度图（也就是甘特图）来展示。图表效果如图3-137所示。

	A	B	C
1	项目	开始时间	结束时间
2	项目1	2017/12/1	2017/12/5
3	项目2	2017/12/20	2017/12/30
4	项目3	2018/1/1	2018/2/3
5	项目4	2018/1/1	2018/1/20
6	项目5	2018/1/11	2018/2/15
7	项目6	2018/2/2	2018/2/16
8	项目7	2018/3/1	2018/3/20

图3-136　数据源

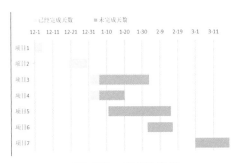

图3-137　项目进度图

STEP 01 🐨 计算各项数据，分别为"项目天数""已经完成天数""未完成天数"，如图3-138所示。在G2单元格中输入今天的日期为2018/1/6。

> D2公式：=C2-B2。
> E2公式：=MAX(IF(C2<H$2,C2-B2,H$2-B2),0)。
> F2公式：=D2-F2。
> H2公式：=MIN(B2:B8)。
> I2公式：=MAX(C2:C8)。

	A	B	C	D	E	F	G	H	I
1	项目	开始时间	结束时间	项目天数	已经完成天数	未完成天数	今天日期	最小日期值	最大日期值
2	项目1	2017/12/1	2017/12/5	4	4	0	2018/1/6	43070	43179
3	项目2	2017/12/20	2017/12/30	10	10	0			
4	项目3	2018/1/1	2018/2/3	33	5	28			
5	项目4	2018/1/1	2018/1/20	19	5	14			
6	项目5	2018/1/11	2018/2/15	35	0	35			
7	项目6	2018/2/2	2018/2/16	14	0	14			
8	项目7	2018/3/1	2018/3/20	19	0	19			

图3-138　计算数据

STEP 02 🐨 选中数据A1:B8单元格区域，单击"插入"选项卡，在"图表"功能组中选择"插入柱形图或条形图"命令，选择"堆积条形图"。选中数据"E1:F8"单元格区域，按Ctrl+C组合键复制数据区域，单击图表，按Ctrl+V组合键粘贴数据。

STEP 03 🐨 双击图表纵坐标轴，打开"设置坐标轴格式"选项窗格，切换到"坐标轴选项"选项卡，勾选"逆序类别"复选框。

单击图表横坐标轴，在"设置坐标轴格式"选项窗格中，切换到"坐标轴选项"选项卡，设置"边界"的"最小值"为43070，"最大值"为43179，设置"单位"的"大"为10。设置"数字"的"类别"为自定义，在"格式代码"框中输入m-d，单击"添加"按钮，如图3-139所示。

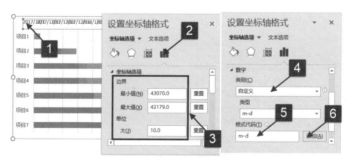

图3-139　设置横坐标轴格式

STEP 04 　单击"开始时间"数据系列，在"设置数据系列格式"选项窗格中切换到"系列选项"选项卡，设置"间隙宽度"为60%。切换到"填充与线条"选项卡，设置"填充"为无填充，如图3-140所示。

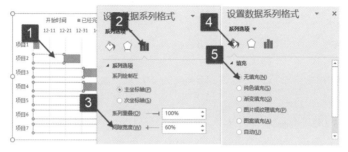

图3-140　设置数据系列格式

STEP 05 　分别设置其他数据系列的填充格式。将"开始日期"数据系列的图例单独选中后按Delete键删除。最终效果如图3-141所示。

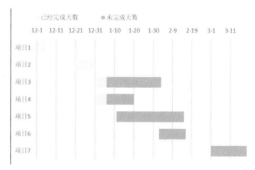

图3-141　项目进度图

3.16 旋风图

如图3-142所示的数据，我们也可以使用旋风图来完成展示，效果如图3-143所示。

	A	B	C
1	年龄段	男	女
2	18岁以下	7	18
3	18-25岁	14	16
4	25-30岁	16	18
5	30-40岁	13	7
6	40-50岁	7	16
7	50岁以上	7	10

图3-142　数据源

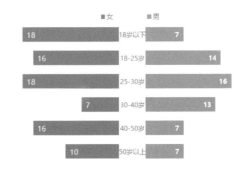

图3-143　旋风图

STEP 01 🙂 重新构建数据，将"女"列数据转换为负数写入D列，在E列写入固定值5作为分类轴标签位置占位，如图3-144所示。

STEP 02 🙂 选中数据A1:B7单元格区域，按住Ctrl键选择"D1:E7"单元格区域，单击"插入"选项卡，在"图表"功能组中选择"插入柱形图或条形图"命令，选择"堆积条形图"。

STEP 03 🙂 单击图表"女"数据系列，将编辑栏中的公式最后一个参数更改为1，如图3-145所示。

同样的方法更改"分类标签"数据系列公式最后一个参数为2。

	A	B	C	D	E
1	年龄段	男	女	女	分类标签
2	18岁以下	7	18	-18	5
3	18-25岁	14	16	-16	5
4	25-30岁	16	18	-18	5
5	30-40岁	13	7	-7	5
6	40-50岁	7	16	-16	5
7	50岁以上	7	10	-10	5
8					

图3-144　重构数据

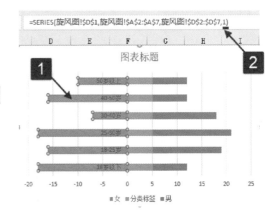

=SERIES(旋风图!$D$1,旋风图!$A$2:$A$7,旋风图!$D$2:$D$7,1)

图3-145　设置数据系列顺序

注意

更改此处参数，相当于在"选择数据源"窗口中"上移"或"下移"数据系列。

STEP 04 双击图表纵坐标轴，打开"设置坐标轴格式"选项窗格，切换到"坐标轴选项"选项卡，勾选"逆序类别"复选框。

STEP 05 单击图表区，在"快速选项按钮"中单击"图表元素"，取消勾选"坐标轴"复选框，取消勾选"图表标题"复选框，勾选"数据标签"复选框，取消勾选"网格线"复选框。

STEP 06 单击"分类标签"数据系列，在"设置数据系列格式"选项窗格中切换到"系列选项"选项卡，设置"间隙宽度"为60%。

切换到"填充与线条"选项卡，设置"填充"为无填充。

分别设置"男"与"女"数据系列填充格式，设置后如图3-146所示。

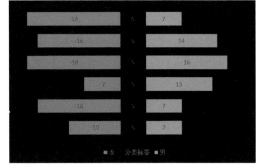

图3-146　设置填充后效果

STEP 07 移动"图例"至图表顶部，单独选中"分类标签"数据系列图例，按Delete键删除。

STEP 08 单击"分类标签"系列数据标签，在"设置数据标签格式"选项窗格中切换到"标签选项"选项卡，在"标签包括"中勾选"类别名称"复选框，取消勾选"值"复选框。

单击"男"系列数据标签，设置"标签位置"为数据标签内。

单击"女"系列数据标签，在"设置数据标签格式"选项窗格中切换到"标签选项"选项卡，设置"标签位置"为轴内侧。单击"数字"选项，设置"类型"为自定义，在"格式代码"框中输入"0;0;0;"，单击"添加"按钮，如图3-147所示。将"女"系列的数据标签设置为正数显示。

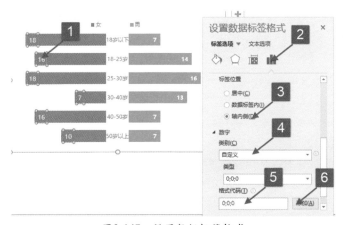

图3-147　设置数据标签格式

最终效果如图3-148所示。

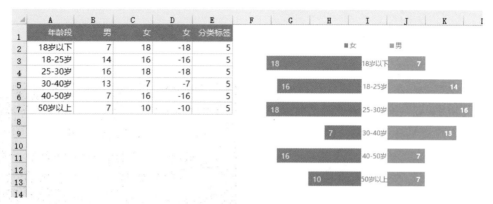

图3-148　旋风图

除了以上几种图表之外，还有瀑布图、漏斗图，都可以使用系列设置为无填充来进行垫高占位的。2016版本已经提供了默认的瀑布图与漏斗图图表类型供我们选择了。所以这里不再讲解。如果是2016以下版本的用户，可以根据以上几个图的操作方法反推瀑布图与漏斗图的操作方法。

3.17 兰丁格尔玫瑰图

楠楠：我在群里听到别人说玫瑰图，然后我上网去查了一下，如图3-149所示。我觉得好神奇，用Excel该怎么做呢？

我：其实用Excel来做也不难，只是数据构建方面比较麻烦而已。所以制作玫瑰图之前，我们需要知道该怎么整理数据。

在Excel中玫瑰图基本都是用雷达图制作的。之前我们也有提过雷达图，用王者荣耀的战报模拟了一下。现在让我们真正来了解一下雷达图。

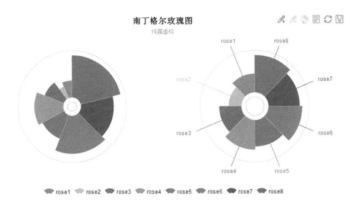

图3-149 百度图片-兰丁格尔玫瑰图

我们在单元格中录入一组有规律的数据，如1、2、3、4、5的数据，将它重复5次。选中这一组数据，插入一个填充的雷达图，如图3-150所示。

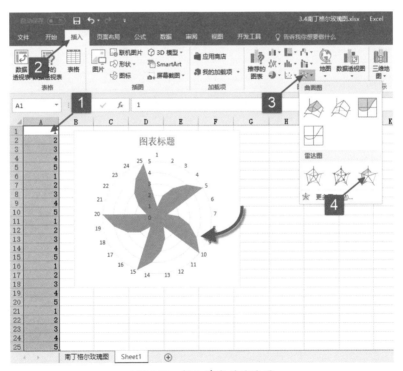

图3-150 插入填充的雷达图

当使用一样的数据制作雷达图的时候，数据点越多，雷达图越接近圆形，你可以试试使用360个数据点且数据值是一样的，来做雷达图。它会形成一个正圆，如图3-151所示。

如果数据为一列，那么雷达图就只有一个系列且只能设置一个颜色。假如想要与玫瑰图一样有多个颜色，我们可以将数据写入不同列，如图3-152所示。我们可以做一个风车。

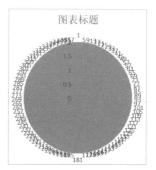

图3-151　360个数据点的雷达图

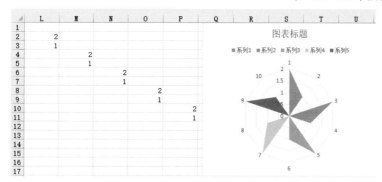

图3-152　多系列雷达图

但是我们将数据这样分列出来后，插入的图表没有办法做成封闭式的，扇区与扇区无法连接，怎样才可以做到连接的，我们可以将数据更改成这样，如图3-153所示，在每列数据的交叉点重复一样的数据。

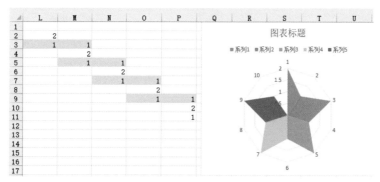

图3-153　连接数据

但是还有一个问题，将数据源补充完整后，五角星少了一个角，按照这样的原理，应该在哪里补充这个数据点呢？

观察图表与数据，图表中每一个系列都是3个数据点，只有第一列的数据是2个数据点，刚好也就是第一个系列缺了一角。但是在L1单元格中输入值后，扩大图表的单元格引用区域，五角星还是一样无法闭合，如图3-154所示。

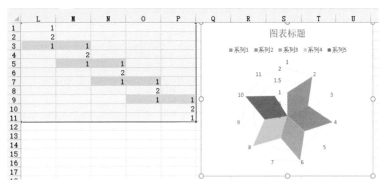

图3-154　五角星

解决方法是：将P11单元格的值写入P1单元格，图表引用的数据区域变成"L1:P10"，如图3-155所示，五角星闭合了。这样每个系列都是三个数据点了。

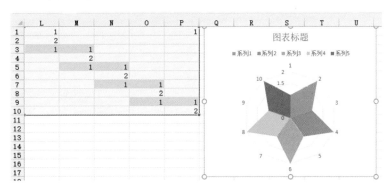

图3-155　闭合的五角星

明白了雷达图数据的构建原理之后，我们可以来做一个玫瑰图。

玫瑰图也接近圆，所以同样需要构建360行数据，将每个数据分布到每个角度。所以需要计算每个数据的"开始角度"与"结束角度"。

STEP 01 选中E1:J1单元格区域，输入公式，单元格在编辑状态下按Ctrl+Shift+Enter

组合键结束公式编辑。将数据转置。

> E1:J1公式：=TRANSPOSE(B2:B7)。
>
> E5:J364公式：=IF(AND($D5>=E$2,$D5<=E$3),E$1,NA())

设置好公式后，在J5单元格手动输入数值46（F分类对应的数值，也就是最右一个系列少的一个点），如图3-156所示。

▲	A	B	C	D	E	F	G	H	I	J	K
1	分类	2017		数据	23	43	50	27	26	46	
2	A	23		开始角度	0	60	120	180	240	300	
3	B	43		结束角度	60	120	180	240	300	360	
4	C	50		数据标签	A:23	B:43	C:50	D:27	E:26	F:46	
5	D	27		1	23	#N/A	#N/A	#N/A	#N/A	46	
6	E	26		2	23	#N/A	#N/A	#N/A	#N/A	#N/A	
7	F	46		3	23	#N/A	#N/A	#N/A	#N/A	#N/A	
8				4	23	#N/A	#N/A	#N/A	#N/A	#N/A	
9				5	23	#N/A	#N/A	#N/A	#N/A	#N/A	
10				6	23	#N/A	#N/A	#N/A	#N/A	#N/A	
11				7	23	#N/A	#N/A	#N/A	#N/A	#N/A	
12				8	23	#N/A	#N/A	#N/A	#N/A	#N/A	
13				9	23	#N/A	#N/A	#N/A	#N/A	#N/A	
14				10	23	#N/A	#N/A	#N/A	#N/A	#N/A	
				11	23	#N/A	#N/A	#N/A	#N/A	#N/A	

图3-156　构建数据

STEP 02 选中E4:J364区域，单击"插入"选项卡，在"图表"功能组中选择"插入曲面图或雷达图"命令，选择"填充雷达图"，如图3-157所示。

STEP 03 分别单击图表"图表标题""图例""网格线""坐标轴"，按Delete键删除，如图3-158所示。

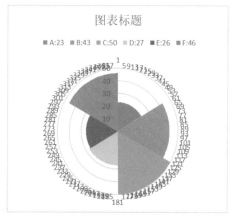

图3-157　填充雷达图

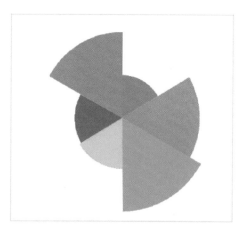

图3-158　删除图表元素的填充雷达图

STEP 04 双击图表数据系列，打开"设置数据系列格式"选项窗格，切换到"填充与线条"选项卡，单击"线条"选项，设置"线条"为实线，"颜色"为白色，"宽度"为1磅。切换到"标记"选项卡，设置标记的"填充"为纯色填充，并设置"颜色"，如图3-159所示。

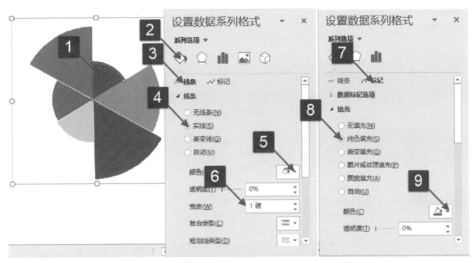

图3-159　设置数据系列格式

> **注意**
>
> 填充雷达图与其他图表不同，填充雷达图的填充颜色须在"标记"中设置。

最后如果想要达到玫瑰图中间镂空的效果，可以添加一个系列，设置"填充"为白色，也可以单击图表，插入一个正圆，设置"形状填充"为白色。最终效果如图3-160所示。

图3-160　玫瑰图

3.18 菱形百分比环图

百分比图表之前也讲过不少，但是都是以默认的形状来展示。这次我们来改变图表的形状属性，将圆环图更改为菱形的，如图3-161所示。

发挥想象，假如一个饼图，我们用某些形状遮住饼图的某一部分，让人肉眼只看到显示出来的那一部分，是不是就可以改变饼图原来的形状了呢？所以我们使用一个跟饼图一样大小的正方形，然后把正方形中间剪出一个菱形，用这个镂空的正方形把饼图盖住，这样只会透过菱形看到下面饼图的部分了，那不就是我们要的效果了么？那让我们一起来试试吧。

STEP 01 选中数据A1:B3单元格区域，单击"插入"选项卡，在"图表"功能组中选择"插入饼图或圆环图"命令，选择"饼图"，如图3-162所示。

图3-161　类型百分比环图

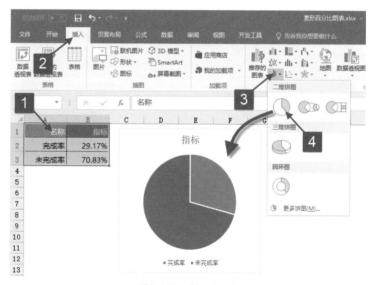

图3-162　插入饼图

STEP 02 单击图表数据系列，在单击"完成率"数据点单独选中后，打开"设置数据点格式"选项窗格，切换到"填充与线条"选项卡，单击"完成率"数据点单独选中后设置"填充"为纯色填充，"颜色"为蓝色，设置"边框"为无线条，如图3-163所示。

单击"未完成率"数据点单独选中后设置"填充"为纯色填充，"颜色"为浅灰色，设置"边框"为无线条。

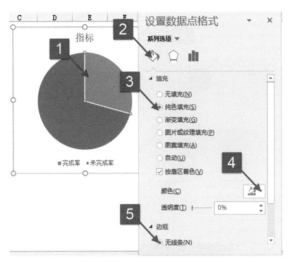

图3-163　设置数据点格式

STEP 03　单击绘图区，在"设置绘图区格式"选项窗格，切换到"填充与线条"选项卡，设置"边框"为实线，"颜色"为白色，"宽度"为1.5磅，如图3-164所示。

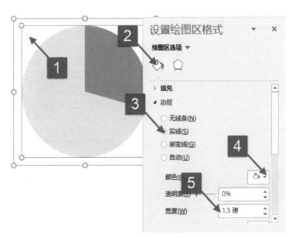

图3-164　设置绘图区格式

STEP 04 单击图表区，在"图表工具"中单击"设计"选项卡，单击"选择数据"调出"选择数据源"对话框，单击"添加"按钮打开"编辑数据系列"对话框，保持"编辑数据系列"对话框默认数据，单击"确定"按钮关闭对话框，如图3-165所示。

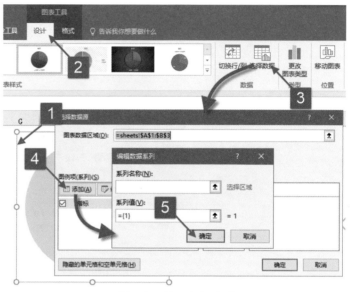

图3-165　添加数据系列

STEP 05 单击图表数据系列，在"图表工具"中单击"设计"选项卡，单击"更改图表类型"按钮，打开"更改图表类型"对话框，在"更改图表类型"对话框中的"为您的数据系列选择图表类型和轴"下方单击"系列2"，将系列图表类型更改为"柱形图"，最后单击"确定"按钮关闭对话框。完成图表类型更改，如图3-166所示。

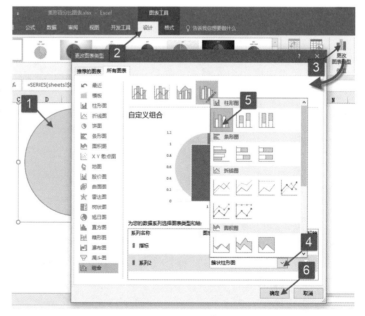

图3-166　更改图表类型

STEP 06 　单击图表纵坐标轴，在"设置坐标轴格式"选项窗格中，切换到"坐标轴选项"选项卡，设置"边界"的"最小值"为0，"最大值"为1，如图3-167所示。

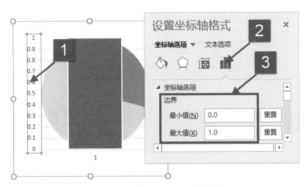

图3-167　设置纵坐标轴格式

注意

设置边界的时候，2013版本或以上的版本，必须重新输入值，旁边的按钮变成"重置"才算是固定值。否则数据变化，刻度值也会变化，导致最终的图表变形。

STEP 07 　单击图表柱形数据系列，在"设置数据系列格式"选项窗格中切换到"系列选项"选项卡，设置"间隙宽度"为0%，如图3-168所示。

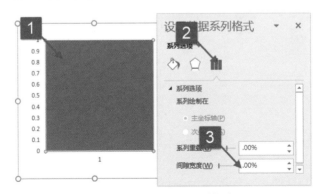

图3-168　设置数据系列格式

制作图形。

STEP 08 　打开PPT，在PPT中单击"插入"选项卡，选择"形状"下拉命令，选择

"矩形"，在PPT幻灯片中绘制一个矩形，如图3-169所示。

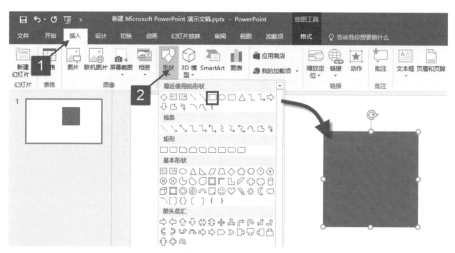

图3-169　插入矩形

STEP 09　用同样的方式绘制两个菱形，如图3-170所示。

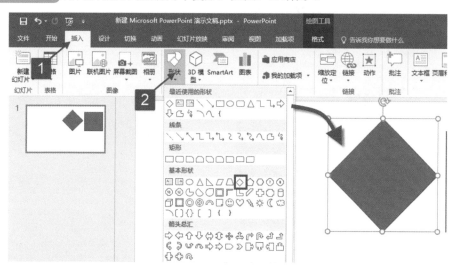

图3-170　插入菱形

STEP 10　单击矩形按Ctrl+1快捷键调出"设置形状格式"选项窗格，切换到"大小与属性"选项卡，设置"大小"的"高度"为8，"宽度"为8，如图3-171所示。

STEP 11 用同样的方式设置其中一个菱形的"大小"的"高度"为8，"宽度"为8。另一个菱形"大小"的"高度"为6，"宽度"为6。最终形成三个图形如图3-172所示。

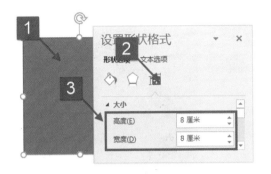

图3-171　设置形状大小

图3-172　三个形状

STEP 12 单击一个菱形，按Ctrl键再单击另一个菱形，两个菱形同时选中后，在"绘图工具"中单击"格式"选项卡，依次选择"对齐"→"水平居中"→"垂直居中"命令。将两个图形对齐，如图3-173所示。

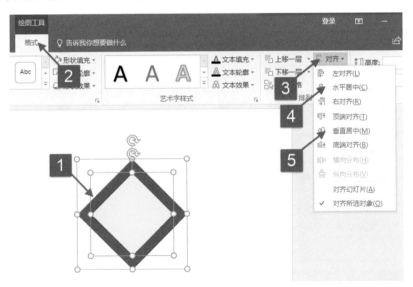

图3-173　对齐形状

STEP 13 保持两个菱形选中状态，在"绘图工具"选项卡中单击"格式"选项卡，依次选择"合并形状"→"组合"命令，如图3-174所示。

STEP 14 😀 选中组合后的菱形，与矩形一同选中，同样的方式设置居中与组合。这时候矩形上的菱形已经镂空，效果如图3-175所示。

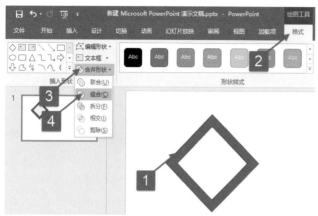 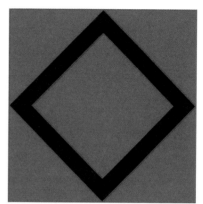

图3-174　设置合并形状　　　　　　图3-175　形状效果图

以上图形制作步骤，用一张PPT概括如图3-176所示。

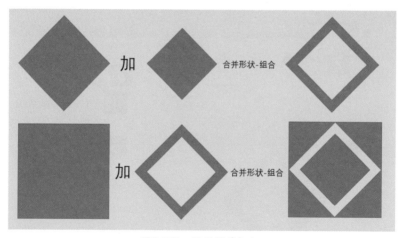

图3-176　图形制作概括

STEP 15 😀 设置形状的"形状填充"为白色，设置"形状轮廓"为无轮廓，按Ctrl+C快捷键复制图形。

回到Excel中，单击图表柱形数据系列，按Ctrl+V组合键粘贴，将PPT中制作好的形状填充进柱形，如图3-177所示。

STEP 16 单击柱形数据系列，在"设置数据系列格式"选项窗格中，切换到"填充与线条"选项卡，当我们使用形状填充柱形图后，"填充"自动变成了"图片或纹理填充"，设置"层叠并缩放"的Units/Picture为1，如图3-178所示。

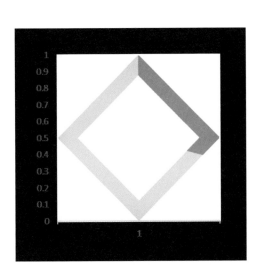

图3-177　粘贴形状后效果

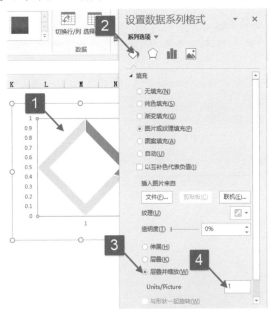

图3-178　设置系列填充层叠并缩放

由于我们只想这个柱形中显示一个菱形，且纵坐标轴最大值为1，所以这里要设置Units/Picture为1，如想要在最大值为1的柱形中显示两个菱形堆积，可以设置Units/Picture为0.5。

STEP 17 分别单击"横坐标轴""纵坐标轴"，按Delete键删除。

STEP 18 单击图表区，在"插入"选项卡中单击"形状"→"文本框"，在图表区内绘制文本框。

单击文本框，在编辑栏中输入等号"="，单击B2单元格后按Enter键结束编辑。将文本框与B2单元格关联起来，设置文本框字体。最终图表效果如图3-179所示。

以上这种制作方法，除了可以使用菱形，还可以使用其他形状来制作，方法都是一样的，赶紧试一试吧！

图3-179　菱形百分比环图

3.19 菱形百分比饼图

菱形百分比饼图，效果如图3-180所示。

其实做法与上面的菱形百分比环图一样，只是将PPT中的形状需要稍微修改，操作如下。

STEP 01 打开PPT文件，在PPT幻灯片中插入1个矩形，3个菱形，如图3-181所示。

图3-180 菱形百分比饼图

图3-181 四个形状

STEP 02 分别设置各形状大小。单击矩形，设置"高度"为8，"宽度"为8；单击菱形1，设置"高度"为8，"宽度"为8；单击菱形2，设置"高度"为6.5，"宽度"为6.5；单击菱形3，设置"高度"为6.5，"宽度"为6.5。

为了好区分，我们将每个形状都设置为不同的颜色，并且设置"形状轮廓"为无轮廓，最终形成4个图形如图3-182所示。

图3-182　四个图形

STEP 03 　选择矩形与菱形2（蓝色菱形），保持两个形状同时选中状态，在"绘图工具"中单击"格式"选项卡，依次选择"对齐"→"水平居中"→"垂直居中"命令，将两个图形对齐。

在"绘图工具"中单击"格式"选项卡，依次选择"合并形状"→"组合"命令。如图3-183所示。

注意

　最终图形的"形状填充"应设置为白色。但是为了讲解，截图中暂使用灰色。

STEP 04 　同样的方式，选择菱形1（黄色菱形）与菱形3（绿色菱形），保持两个形状同时选中的状态，在"绘图工具"中单击"格式"选项卡，依次选择"对齐"→"水平居中"→"垂直居中"命令，将两个图形对齐。

STEP 05 　在"绘图工具"中单击"格式"选项卡，依次选择"合并形状"→"组合"命令。组合后设置形状的"形状填充"为白色，"形状轮廓"为灰色。

最终形成两个图形，如图3-184所示。

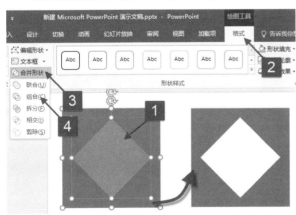

图3-183　组合图形　　　　　　　　　　　　图3-184　两个形状

STEP 06 单击形状，将两个形状同时选中，在"绘图工具"中单击"格式"选项卡，依次选择"对齐"→"水平居中"→"垂直居中"命令，将两个图形对齐。

在"绘图工具"中单击"格式"选项卡，依次选择"组合"→"组合"命令，如图3-185所示。

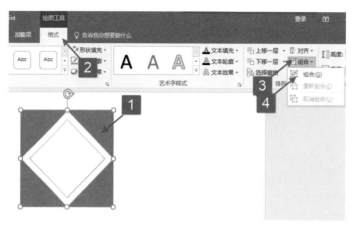

图3-185　组合形状

楠楠：这个"组合"跟"合并形状"的组合一样吗？

我：不一样，虽然都叫组合，但是"合并形状"中的组合是会将两个形状重叠的部分给剪切掉，也就是将图形镂空。但是"组合"这里的组合，不会改变形状的各种属性，只是单纯地将两个形状绑在一起。

以上图形制作步骤，用PPT概括如图3-186和图3-187所示。

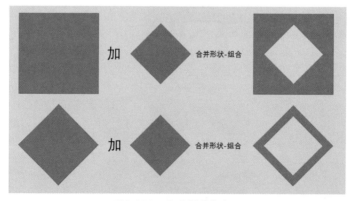

图3-186　图形制作概括1

最后，复制组合好的形状，回到Excel中，单击之前做好的图表的柱形系列，按Ctrl+V组合键粘贴，将图形填充到柱形上，如图3-188所示。

图3-187　图形制作概括2

图3-188　菱形百分比饼图

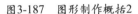

楠楠：我看到有些报告中有人使用汽车仪表盘那种类型的图表。感觉好酷炫啊！

我：其实那种也不难做，仪表盘的图片都可以网上找现成的，然后只要把形状填充进去就好了。如图3-189所示，这也是一个类似汽车仪表盘的图表，而且这个做法也是非常简单的。

STEP 01 计算指标的数据。为了让指针能按照速度的变化而变化，我们需要计算占位的数据，当速度越高的时候，占位数据越小，如图3-190所示。

B4公式：=1.6/(270/360)-B2

图3-189　仪表盘

图3-190　数据源

STEP 02 😊 选中A1:B4单元格区域，单击"插入"选项卡，在"图表"功能组中，选择"插入饼图或圆环图"命令，选择"饼图"。

STEP 03 😊 到网上或者到PPT中制作一个仪表刻度盘。可以单击仪表刻度盘，在"图片工具"中设置"颜色"。将仪表刻度盘设置为偏白色，如图3-191所示。

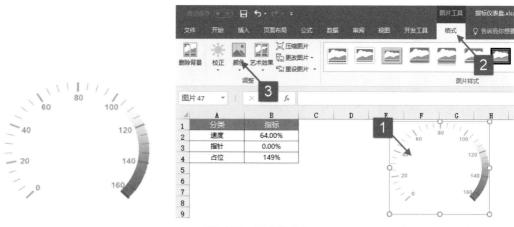

图3-191　仪表刻度盘

STEP 04 😊 单击仪表刻度盘，按Ctrl+C组合键复制，双击图表绘图区，打开"设置绘图区格式"选项窗格，切换到"填充与线条"选项卡，设置"填充"为图片或纹理填充，设置"插入图片来自"剪贴板，如图3-192所示。

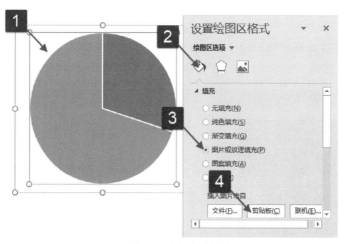

图3-192　设置绘图区格式

STEP 05 单击图表区，在"设置图表区格式"选项窗格中，切换到"填充与线条"选项卡，设置"填充"为纯色填充，"颜色"为深蓝色。

由于指针的大小目前设置为0，所以设置的时候不能选中扇区，所以我们先将指针的数据更改为20%。

STEP 06 单击图表数据系列，在"设置数据系列格式"选项窗格中，设置"第一扇区起始角度"为225°，"饼图分离"为70%，如图3-193所示。

设置饼图分离，目的是缩小饼图在绘图区的显示，默认是整个饼图占据整个绘图区。

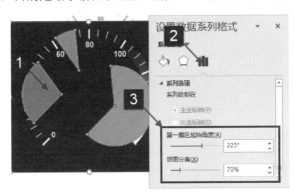

图3-193　设置饼图系列格式

STEP 07 设置分离后，选中饼图数据系列，再分别单击扇区，单独选中之后拖动扇区，往中心点拖动，这样可以缩小饼图大小，如图3-194所示。

STEP 08 单击饼图数据系列，分别单独选中"速度""占位"扇区，在"设置数据点格式"选项窗格中切换到"填充与线条"选项卡，设置"填充"为无填充，设置"边框"为无线条，效果如图3-195所示。

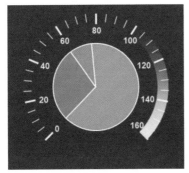

图3-194　缩小饼图显示后效果

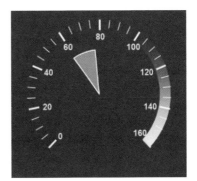

图3-195　设置饼图格式后效果

STEP 09 😊 调整绘图区大小与位置，将绘图区移动到图表区中心。单击图表绘图区，在"插入"选项卡中依次选择"形状"→"弧形"命令，按住Shift键在图表区中绘制一个正弧形，如图3-196所示。

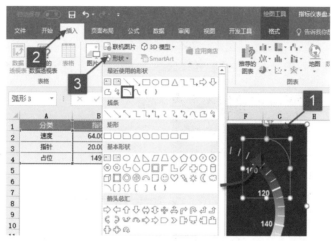

图3-196　插入弧形

STEP 10 😊 单击弧形，按住Shift键将弧形拖大。单击弧形后，弧形两边的黄色控制点可以调整弧形的弧度。将弧形调整到与仪表盘一致，如图3-197所示。

 注意

　如果弧形变形，可以手动调整一下弧形的宽度与高度，保证弧形为正圆形。

STEP 11 😊 单击弧形，在"设置形状格式"选项窗格中切换到"填充与线条"选项卡，设置"线条"为渐变色，在渐变光圈中可以根据自己的需要增加光圈并设置位置。这里增加四个光圈，全部设置"颜色"为白色。单击间隔的光圈后设置"透明度"，可根据自己的需要设置透明度，如图3-198所示。

图3-197　调整弧形效果

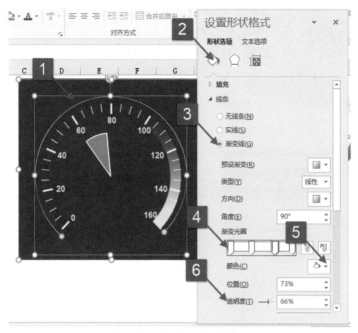

图3-198　设置弧形线条格式

最后单击图表区，插入一个文本框，将文本框与B2单元格关联，作为图表中的数据标签（具体步骤可参照之前的案例）。将指针的数值重新调整为0，最终效果如图3-199所示。

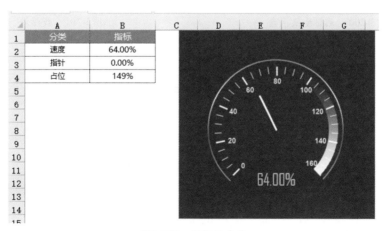

图3-199　指标仪表盘

3.21 无刻度仪表盘

除了以上那种有刻度的仪表盘，我们还可以做这种无刻度的仪表盘，效果也是比较美观的，如图3-200所示。

这个是利用饼图与圆环图完成的。首先同样需要计算数据。计算方式与上面的刻度仪表盘计算方式一样。只是这里需要计算两组，一组饼图的数据，一组圆环图的数据，如图3-201所示。

图3-200　无刻度仪表盘

	A	B	C	D	E	F
1	速度		项目	饼图	项目	圆环
2	121.00%		速度	121.00%	速度	121.00%
3			指针	0.00%	速度占位	39.00%
4			占位	92%	占位	53.33%
5						

图3-201　数据源

D2公式：=A2。

D4公式：=1.6/(270/360)-D2。

F2公式：=A2。

F3公式：=MAX(0,D4-F4)。

F4公式：=1.6/(270/360)-1.6。

STEP 01 选中C1:D4单元格区域，单击"插入"选项卡，在"图表"功能组中，选择"插入饼图或圆环图"命令，选择"圆环图"。

选中F1:F4单元格区域，按Ctrl+C组合键复制单元格区域，单击图表区，按两次Ctrl+V组合键粘贴，形成三个圆环，效果如图3-202所示。

STEP 02 单击图表数据系列，在"图表工具"中单击"设计"选项卡，单击"更改图表类型"按钮打开"更改图表类型"对话框，更改"饼图"系列图表类型为饼图，并勾选"次坐标轴"复选框。单击"确定"按钮关闭对话框，如图3-203所示。

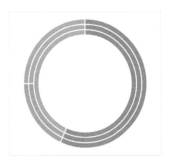

图3-202　圆环图

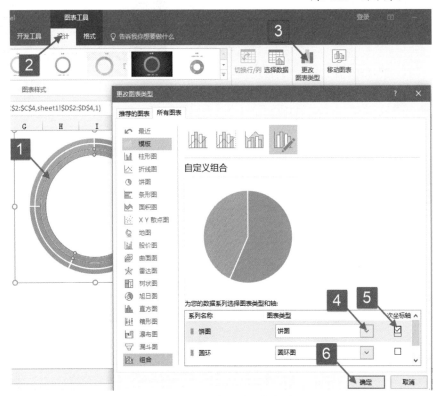

图3-203　更改系列图表类型

同样为了方便设置，将指针数据更改为20%。

STEP 03 单击图表数据系列，在"设置数据系列格式"选项窗格中，设置"第一扇区起始角度"为225°，"饼图分离"为20%，如图3-204所示。

设置分离后，选中饼图数据系列，分别单击扇区，单独选中之后拖动扇区，往中心点拖动，这样可以缩小饼图大小。如图3-205所示。

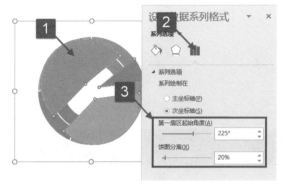

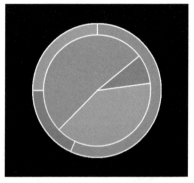

图3-204　设置数据系列格式　　　　　　　　　图3-205　饼图缩小后效果

STEP 04 😊 单击图表数据系列，再次单击选中"占位"扇区，在"设置数据点格式"选项卡中切换到"填充与线条"选项卡，设置"填充"为纯色填充，"颜色"为白色。设置"边框"为无线条。

STEP 05 😊 单击"指针"扇区，设置"填充"为纯色填充，"颜色"为橙色，设置"线条"为实线，"颜色"为橙色。

STEP 06 😊 单击"速度"扇区，在"设置数据点格式"选项窗格中切换到"填充与线条"选项卡，设置"填充"为图案填充，"图案"选择草皮，"颜色"为橙色和白色，如图3-206所示，并设置"边框"为无线条。

STEP 07 😊 单击圆环系列，在"设置数据系列格式"选项窗格中切换到"系列选项"选项卡，设置"第一扇区起始角度"为225°，"圆环图内径大小"为85%，如图3-207所示。

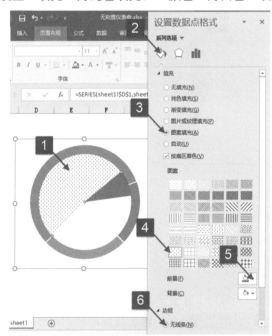

图3-206　设置速度数据系列格式

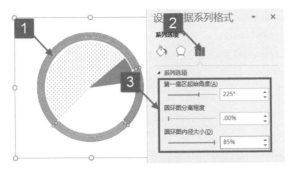

图3-207　设置数据系列格式

为了设置饼图下方的圆环系列,我们需要先将圆环系列的内径设置大一些,等设置完再调整。

STEP 08 单独选中"占位"扇区,设置"填充"为无填充,"边框"为无线条;(两个圆环的"占位"扇区设置一致);

　　单独选中外部圆环的"速度占位"扇区,设置"填充"为纯色填充,"颜色"为浅蓝色,"线条"为实线,"颜色"与填充色一样;

　　单独选中外部圆环的"速度"扇区,设置"填充"为纯色填充,"颜色"为蓝色,"线条"为实线,"颜色"与"速度占位"线条颜色一样;

　　单独选中内部圆环的"速度"扇区,设置"填充"为纯色填充,"颜色"为橙色,"线条"为实线,"颜色"为橙色。

STEP 09 分别设置内部圆环的"速度占位"与"速度"扇区,设置"填充"为纯色填充,"颜色"为橙色,设置"线条"为实线,"颜色"为橙色。设置后的图表效果如图3-208所示。

STEP 10 单击圆环系列,在"设置数据系列格式"选项窗格中切换到"系列选项"选项卡,设置"圆环图内径大小"为72%,效果如图3-209所示。

图3-208　设置后的图表效果

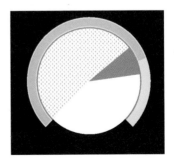

图3-209　设置内径大小后效果

STEP 11 😀 单击图表区，插入一个小正圆，设置"形状填充"为白色，"形状轮廓"为橙色，将正圆移动到指针中心。

插入两个文本框，一个作为说明文字，一个作为数据标签，数据标签制作方式如下：单击文本框，在编辑栏输入等号"="，单击D2单元格后按Enter键结束编辑。如图3-210所示。

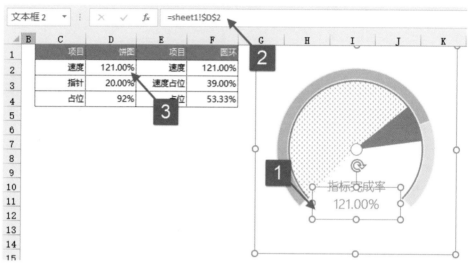

图3-210　文本框关联单元格

最终图表效果，如图3-211所示。

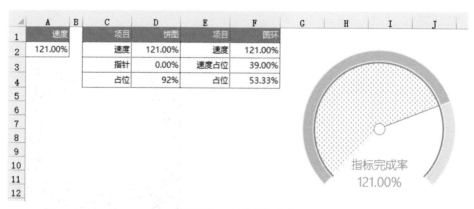

图3-211　无刻度仪表盘

3.22　不等宽柱形图

做过那么多柱形图条形图，我们知道，柱形的宽度只有主次坐标轴的时候，可以设置主次系列的柱形不同宽度，而无法同一个系列的柱子设置不同宽度。但是我们却能看到别人能做出不同宽度的柱形图，这是为什么呢？

虽然柱形图的柱形都是同宽的，但是如果柱子的个数不一样多，是不是就不一样宽了呢？如图3-212所示的数据。我们将Y数据重复X数据的次数来制作柱形图，如图3-213所示使用E1:I20单元格区域制作柱形图。

	A	B	C
1		Y数据	X数据
2	一季度	20%	2
3	二季度	10%	6
4	三季度	20%	3
5	四季度	20%	9

图3-212　数据源

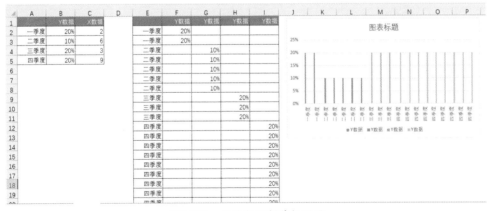

图3-213　更改数据制作柱形图

只要设置一下柱形图的"系列重叠"为100%，"间隙宽度"为0%。妥妥的不等宽柱形图就出来了，如图3-214所示。

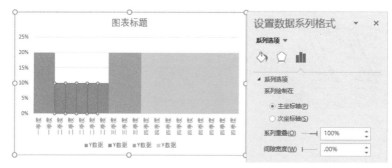

图3-214　设置柱形图格式

使用柱形图制作的这个如果是比较简单的，如果想对系列设置边框，此做法就会有问题了。除了使用柱形图制作，其实还可以使用面积图。但是面积图在构建数据方面就比较麻烦了。

与上面同样的数据。我们如果想用面积图制作，那么需要将数据构建成如图3-215所示的表格。时间轴即为想要绘制在X轴上的数据的累加值，从0开始。

	A	B	C	D	E	F	G	H	I
1		Y数据	X数据		日期轴	Y数据	Y数据	Y数据	Y数据
2	一季度	20%	2		0	20%			
3	二季度	10%	6		2	20%	10%		
4	三季度	20%	3		8		10%		
5	四季度	20%	9		11			20%	20%
6					20				20%

图3-215　数据源

STEP 01 选择数据E1:I6单元格区域，单击"插入"选项卡，在"图表"功能组中选择"插入折线图或面积图"命令，选择"面积图"。

STEP 02 单击图表，在"图表工具"中单击"设计"选项卡，选择"选择数据"命令，调出"选择数据源"对话框，在"水平(分类)轴标签"下单击"编辑"按钮，打开"轴标签"对话框，在"轴标签区域"框中选择E2:E6单元格区域，单击"确定"按钮关闭"轴标签"对话框，如图3-216所示。

STEP 03 在"选择数据源"对话框中单击"隐藏的单元格和空单元格值"按钮，打开"隐藏和空单元格设置"对话框，设置"空单元格显示为"空距。最后单击"确定"按钮关闭对话框，如图3-217所示。

设置后的图表效果如图3-218所示。

　　空单元格显示为"空距"只对面积图与折线图可用，而空单元格显示为"用直线连接数据点"只对折线图可用。

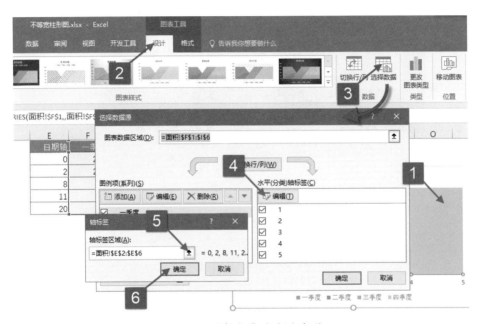

图3-216　编辑水平(分类)轴标签

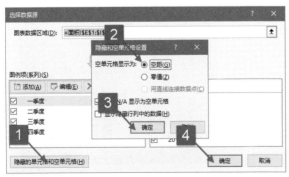

图3-217　隐藏的单元格和空单元格值

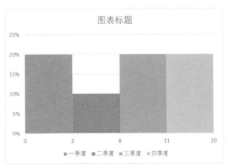

图3-218　面积柱形图

STEP 04 😊 双击图表横坐标轴，打开"设置坐标轴格式"选项窗格，切换到"坐标轴选项"选项卡，设置"坐标轴类型"为日期坐标轴，如图3-219所示。当设置"坐标轴类型"为日期坐标轴后，横坐标轴就可以设置"边界"与"单位"了，而且图表横坐标轴也以表格中设置的数据来变化柱形图的宽度了。

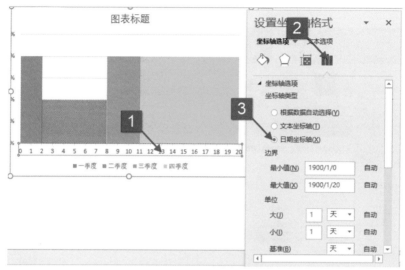

图3-219　设置横坐标轴格式

同样的原理，日期坐标轴可以使用在折线图、柱形图中，以达到一些比较特殊的图表形状。

假如我们需要制作一个堆积的不等宽柱形图，如图3-220所示。我们也可以这么构建数据，如图3-221所示。

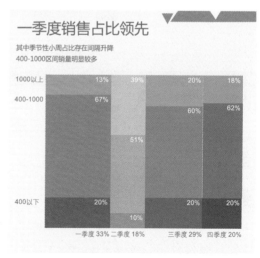

图3-220　堆积不等宽柱形图

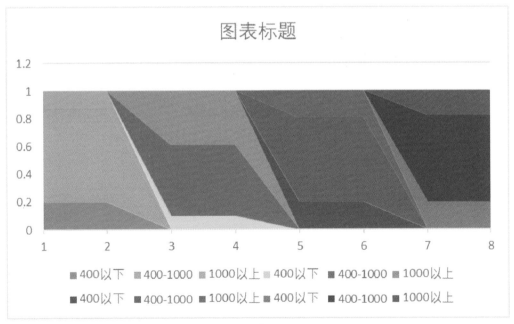

原始数据

季度	400以下	400-1000	1000以上	销售占比	辅助累加
一季度	20%	67%	13%	33%	33%
二季度	10%	51%	39%	18%	51%
三季度	20%	60%	20%	29%	80%
四季度	20%	62%	18%	20%	100%

构建数据

时间轴	400以下	400-1000	1000以上	400以下	400-1000	1000以上	400以下	400-1000	1000以上	400以下	400-1000	1000以上
0	0.2	0.67	0.13									
33	0.2	0.67	0.13									
33				0.1	0.51	0.39						
51				0.1	0.51	0.39						
51							0.2	0.6	0.2			
80							0.2	0.6	0.2			
80										0.2	0.62	0.18
100										0.2	0.62	0.18

图3-221　构建数据

楠楠：为什么这里的时间轴要重复两次呢？为什么跟上面的不一样了。

我：因为这个是多层，我们需要使用堆积面积图制作，堆积面积图无法设置"空单元格显示为"为"空距"。

STEP 05　选择I2:T10单元格区域，单击"插入"选项卡，在"图表"功能组中选择"插入折线图或面积图"命令，选择"堆积面积图"。

STEP 06　单击图表，在"图表工具"中单击"设计"选项卡，单击"切换行/列"按钮，将图表分类与系列切换一下，效果如图3-222所示。

图3-222　堆积面积图

根据上面的步骤编辑"水平(分类)轴标签"并设置"坐标轴类型"为日期坐标轴。

　　图中的数据标签均为添加散点图，使用散点系列的数据标签，整个图表美化的部分交给你作为作业吧，最终效果如图3-223所示。

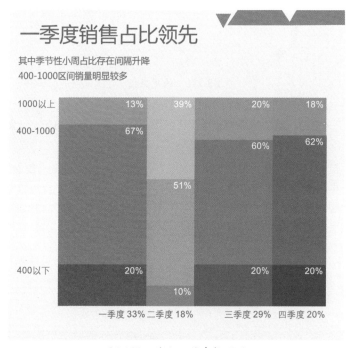

图3-223　堆积不等宽柱形图

{第4章}

迷你图与透视图

Excel 效率手册

早做完不加班
（图表篇）（升级版）

Excel除了之前讲解的"普通"图表外，还有一种叫透视图，所谓"普通"图表就是可以任意增加数据源以外的各种辅助列作为图表系列，而透视图只能依靠数据源中的数据来制作图表，而且透视图与透视表是相互呼应的。

除了透视表外，还有一种非常"可耐"的迷你图，迷你图一般是数据很多的时候，跟着数据表格或透视表一起展示的迷你图表，实用性比较强，制作方式也比较简单。

4.1 透视图

透视图制作方法与"普通"图表类似，只是可以直接使用数据源来创建数据透视图，数据透视图自动会增加一个透视表，并且将数据汇总，图表则以数据透视表的数据来展示。

STEP 01 单击数据源任意一个单元格，如：单击B4单元格，单击"插入"选项卡中的"数据透视图"按钮，打开"创建数据透视图"对话框，这时候"表/区域"会自动获取鼠标放置的连续的表格区域，设置"选择放置数据透视图的位置"为新工作表。单击"确定"按钮关闭对话框，如图4-1所示。这时Excel会自动插入一个工作表，并且在新工作表中有一个空数据透视表和一个空数据透视图，如图4-2所示。

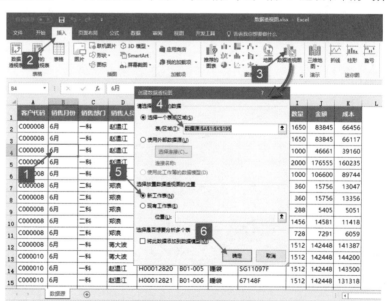

图4-1　插入数据透视图

图4-2　新工作表中的透视表与透视图

STEP 02 拖动需要展示的分类与数据字段到对应的区域即可实现图表的展示，如图4-3所示，将"销售月份"字段拖动到"轴(类别)"字段区域，把"数量"字段拖动到"值"字段区域。这时候图表以销售月份作为分类，数量为柱形图高度，展示各月份的销售数量。

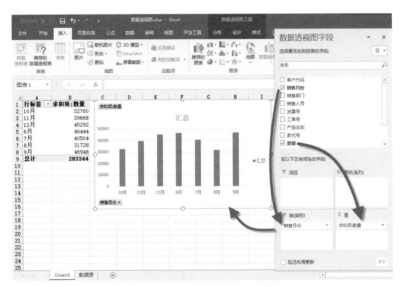

图4-3　添加数据的数据透视表与透视图

还可以将"销售部门"拖动到"图例(系列)"字段区域中，这样可以查看各部门各月份的销售数量，如图4-4所示。

图4-4　各销售部门各月份销售数量

观察数据透视图，只要增加到图表中的字段，在透视图表中都有相应的字段按钮，如图4-5所示，可以单击字段按钮进行筛选。

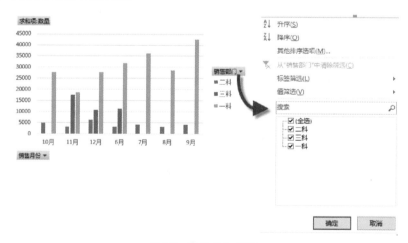

图4-5　字段按钮筛选

　　如果觉得这些字段按钮不美观，可以将字段按钮进行隐藏，如：单击透视图中的图例字段按钮，右击在快捷菜单中单击"隐藏图表上的图例字段按钮"可以隐藏图例字段按钮，单击"隐藏图表上的所有字段按钮"可以隐藏整个透视图的字段按钮，如图4-6所示。

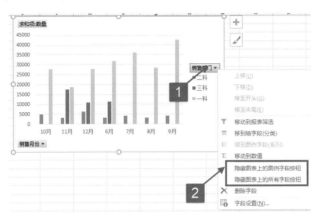

图4-6　隐藏字段按钮

　　透视图的其他设置与透视表一样，美化与"普通"图表一样，唯一的区别是，透视图只能在现有字段中添加系列，可以更改系列的主/次坐标轴，也可以更改数据系列的图表类型，但无法在"选择数据源"对话框中添加/删除/编辑或移动数据系列，如图4-7所示，"选择数据源"对话框中的按钮都是灰色不可用的。

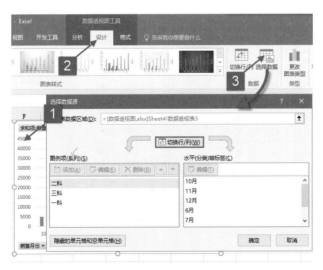

图4-7　"选择数据源"对话框

透视表的其他设置方法，可以参阅关于透视表的相关资料。

迷你图制作方式非常简单，如图4-8所示，单击J2单元格，在"插入"选项卡的"迷你图"功能组中单击"柱形"按钮，打开"创建迷你图"对话框，设置"选择所需的数据"的"数据范围"为B2:I13单元格区域。设置"选择放置迷你图的位置"的"位置范围"为J2:J13单元格区域。最后单击"确定"按钮关闭对话框，如图4-8所示。这样就可以在J2:J13创建迷你图，效果如图4-9所示。

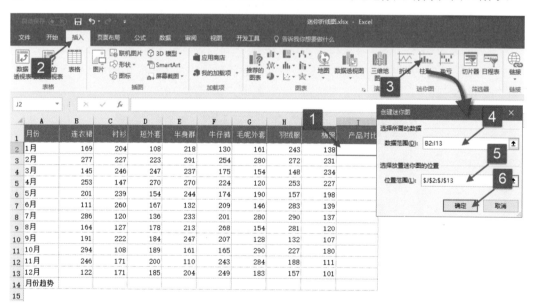

图4-8 插入迷你图

	A	B	C	D	E	F	G	H	I	J
1	月份	连衣裙	衬衫	短外套	半身群	牛仔裤	毛呢外套	羽绒服	棉服	产品对比
2	1月	169	204	108	218	130	161	243	138	
3	2月	277	227	223	291	254	280	272	231	
4	3月	145	246	247	237	175	154	148	234	
5	4月	253	147	270	270	224	120	253	227	
6	5月	201	239	154	244	174	190	157	198	
7	6月	111	260	167	132	209	146	283	139	
8	7月	286	120	136	233	201	280	290	137	
9	8月	164	127	178	213	268	154	281	120	
10	9月	191	222	184	247	207	128	132	107	
11	10月	294	108	189	161	165	290	227	180	
12	11月	246	171	200	110	243	284	188	111	
13	12月	122	171	185	204	249	183	157	101	
14	月份趋势									

图4-9　迷你图效果

单击J2单元格，在"迷你图工具"中单击"设计"选项卡，单击"迷你图颜色"按钮可以更改迷你图颜色，如图4-10所示。

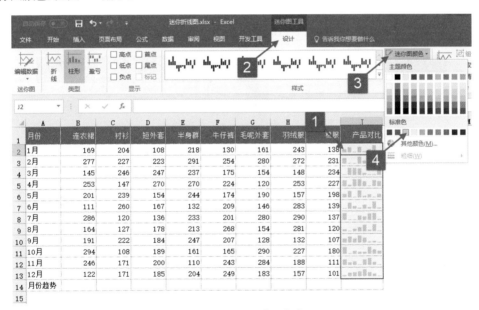

图4-10　设置迷你图颜色

同样在"迷你图工具"中单击"设计"选项卡的"标记颜色"按钮，可以对迷你图的各种标记进行设置颜色，分别为"负点""标记"（仅对折线图起作用）"高点""低点""首点""尾点"，如图4-11所示，将迷你图的"高点"设置为红色显示。

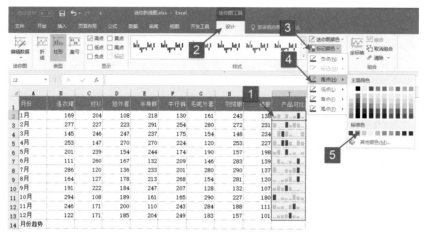

图4-11　设置迷你图标记颜色

　　除了可以设置迷你图的颜色外，还可以在"迷你图工具"中单击"设计"选项卡的"坐标轴"按钮对坐标轴进行设置，一般情况下使用默认的设置即可，如图4-12所示。

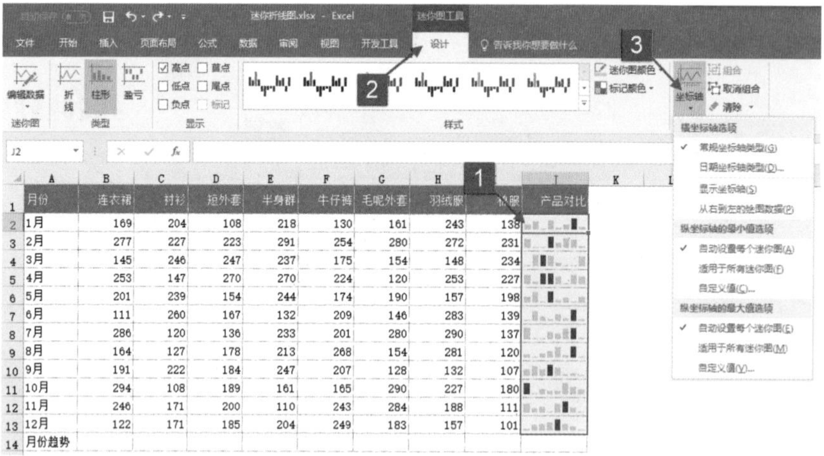

图4-12　设置迷你图坐标轴

　　同样的方式，我们可以增加月份趋势的迷你折线图。单击B14单元格，在"插入"选项卡的"迷你图"功能组中单击"折线"按钮，打开"创建迷你图"对话框，设置"选择所需的数据"的"数据范围"为B2:I13单元格区域。设置"选择放置迷你图的位置"的"位置范围"为B14:J14单元格区域。最后单击"确定"按钮关闭对话框，如图4-13所示。

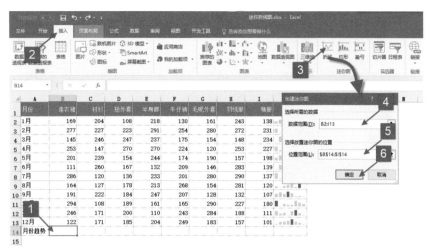

图4-13　插入迷你折线图

单击B14单元格，在"迷你图工具"中单击"设计"选项卡，单击"迷你图颜色"按钮设置迷你图颜色为橙色。

同样在"迷你图工具"中单击"设计"选项卡，单击"标记颜色"按钮，设置"标记"颜色为橙色，如图4-14所示。单击"标记颜色"按钮，设置"高点"颜色为红色。

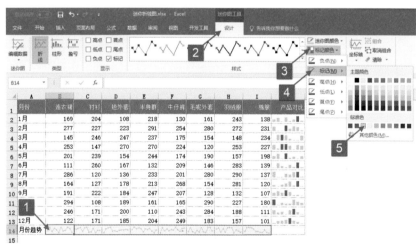

图4-14　设置迷你图标记颜色

最后调整单元格行高与列宽，最终效果如图4-15所示。

迷你图给表格增加了很多美感，当数据表格数据较多，不知道怎么做图表展示的时候，用户可以考虑使用迷你图结合表格来进行展示。

月份	连衣裙	衬衫	短外套	半身群	牛仔裤	毛呢外套	羽绒服	棉服	产品对比
1月	169	204	108	218	130	161	243	138	
2月	277	227	223	291	254	280	272	231	
3月	145	246	247	237	175	154	148	234	
4月	253	147	270	270	224	120	253	227	
5月	201	239	154	244	174	190	157	198	
6月	111	260	167	132	209	146	283	139	
7月	286	120	136	233	201	280	290	137	
8月	164	127	178	213	268	154	281	120	
9月	191	222	184	247	207	128	132	107	
10月	294	108	189	161	165	290	227	180	
11月	246	171	200	110	243	284	188	111	
12月	122	171	185	204	249	183	157	101	
月份趋势									

图4-15　迷你图效果

{第5章}

函数与条件格式

Excel
效率手册

早做完，不加班
（函数篇）（升级版）

在做图表时，总会用到一个Excel不可或缺的元素，那就是单元格。单元格除了可以作为图表背景、图表标题、辅助文字外，通过单元格也可以做出很多不一样的图表，比如在单元格中输入公式可以制作图表，在单元格中设置条件格式也可以制作图表。

5.1 热力图

如图5-1所示，在这么一堆数据中，想要看出数据所处的区间，可以有很多方式来制作，其中一种方式就是，为每个数据区间设置颜色，这称为热力图，所有数据都以颜色代替，得到的效果如图5-2所示。

	A	B	C	D	E	F	G	H	I
1	月份	连衣裙	衬衫	短外套	半身群	牛仔裤	毛呢外套	羽绒服	棉服
2	1月	169	204	108	218	130	161	243	138
3	2月	277	227	223	291	254	280	272	231
4	3月	145	246	247	237	175	154	148	234
5	4月	253	147	270	270	224	120	253	227
6	5月	201	239	154	244	174	190	157	198
7	6月	111	260	167	132	209	146	283	139
8	7月	286	120	136	233	201	280	290	137
9	8月	164	127	178	213	268	154	281	120
10	9月	191	222	184	247	207	128	132	107
11	10月	294	108	189	161	165	290	227	180
12	11月	246	171	200	110	243	284	188	111
13	12月	122	171	185	204	249	183	157	101

图5-1　数据源

图5-2　热力图效果

操作步骤如下。

STEP 01 选择B2:I13单元格区域，在"开始"选项卡中选择"条件格式"命令，在下拉菜单中选择"色阶"为绿—黄—红色阶，如图5-3所示。

图5-3　设置条件格式色阶

如需要设置其他颜色或者有最大值、最小值的颜色范围，可以选择B2:I13单元格区域，在"开始"选项卡中选择"条件格式"命令，在下拉菜单中选择"管理规则"选项，打开"条件格式规则管理器"对话框，选中要进行更改的条件格式，单击"编辑规则"按钮，打开"编辑格式规则"对话框，在其中可以对颜色与值进行设置。设置后单击"确定"按钮关闭对话框即可，如图5-4所示。

图5-4　管理规则

STEP 02 选择B2:I13单元格区域，按Ctrl+1快捷键调出"设置单元格格式"对话框，切换到"数字"选项卡，在"分类"列表框中选择"自定义"选项，在"类型"代码框中输入3个分号";;;"，将单元格的值全部隐藏，如图5-5所示。

最终热力图效果如图5-6所示。

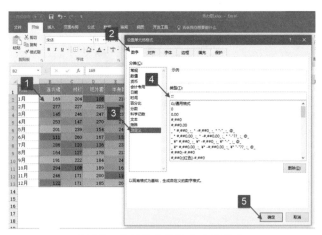

图5-5　设置单元格格式隐藏数字

▲	A	B	C	D	E	F	G	H	I
1	月份	连衣裙	衬衫	短外套	半身群	牛仔裤	毛呢外套	羽绒服	棉服
2	1月								
3	2月								
4	3月								
5	4月								
6	5月								
7	6月								
8	7月								
9	8月								
10	9月								
11	10月								
12	11月								
13	12月								

图5-6 热力图效果

5.2 图标集

使用图标集同样可以对数据进行区间对比,一般可分为三个区间,每个区间可显示一种图标。如图5-7所示,数据中有正数也有负数,假如我们想要负数显示为一种图标,大于500的数显示为一种图标,其他的数显示为一种图标,我们就可以使用图标集来快速地完成,效果如图5-8所示。

▲	A	B
1	姓名	数值
2	甲	167
3	乙	-158
4	丙	321
5	丁	277
6	戊	-275
7	己	-334
8	庚	611
9	辛	150
10	壬	253
11	癸	503

图5-7 数据源

▲	A	B
1	姓名	数值
2	甲	167
3	乙	-158
4	丙	321
5	丁	277
6	戊	-275
7	己	-334
8	庚	611
9	辛	150
10	壬	253
11	癸	503
12		

图5-8 图标集效果

操作步骤如下。

STEP 01 选择B2:B11单元格区域，在"开始"选项卡中选择"条件格式"命令，在下拉菜单中选择"图标集"选项为三个符号（有圆圈），如图5-9所示。

这时候图标集并不是按照我们想的那个规则进行设置的，所以需要重新设置一下规则。

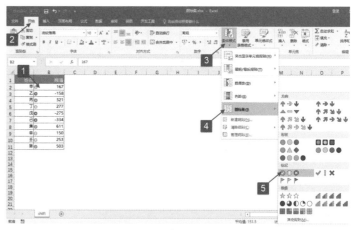

图5-9　设置条件格式图标集

STEP 02 选择B2:B11单元格区域，在"开始"选项卡中选择"条件格式"命令，在下拉菜单中选择"管理规则"选项，打开"条件格式规则管理器"对话框，选中要进行管理更改的条件格式，单击"编辑规则"按钮打开"编辑格式规则"对话框，在其中设置"当值是"的"类型"为数字，"值"为500。设置"当<500且"的"类型"为数字，"值"为0。设置后单击"确定"按钮关闭对话框即可，如图5-10所示。

设置后效果如图5-11所示。

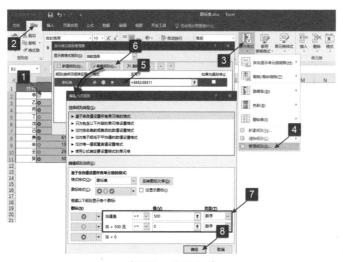

图5-10　管理规则

图5-11　图标集效果

如果只想显示图标集而不显示表格中的数字，可以在"编辑格式规则"对话框中勾选"仅显示图标"复选框，如图5-12所示，效果如图5-13所示。

图5-12　勾选"仅显示图标"复选框　　图5-13　仅显示图标效果

楠楠：原来在条件格式里面就可以设置 "仅显示图标"啊，那刚才的色阶为什么要设置单元格格式呢？

我：条件格式中并非所有项目都有"仅显示图标"复选框的，根据项目的不同，此页面的设置有所不同。

楠楠：好的。

条件格式除了色阶和图标集，还有一个最出名的数据条。数据条样式与条形图一样，做法比条形图简单方便很多，但是条件格式的数据条是基于单元格与单元格中的数值存在

的，数据条效果如图5-14所示。

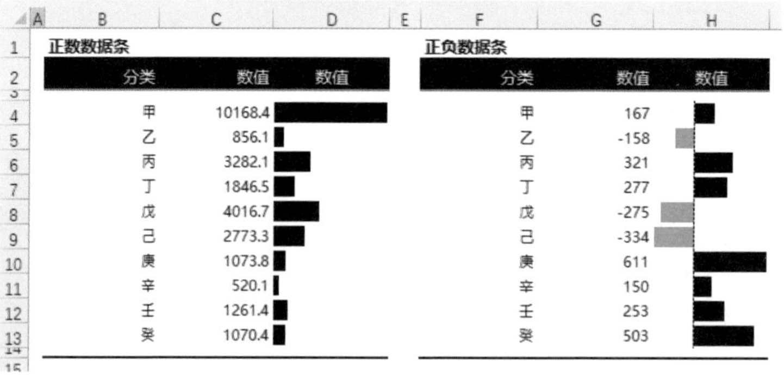

图5-14　数据条效果图

制作步骤如下。

STEP 01 选择C4:C13单元格区域，按Ctrl+C组合键复制区域，单击D4单元格，按Ctrl+V组合键粘贴数据，形成两列一样的数据。

选择D4:D13单元格区域，在"开始"选项卡中选择"条件格式"命令，在下拉菜单中选择"数据条"为蓝色数据条，如图5-15所示。

图5-15　设置条件格式数据条

STEP 02 选择D4:D13单元格区域，在"开始"选项卡中选择"条件格式"命令，在下拉菜单中选择"管理规则"选项，打开"条件格式规则管理器"对话框，选中要进行管理更改的条件格式，单击"编辑规则"按钮打开"编辑格式规则"对话框，在对话框中勾选"仅显示数据条"复选框，设置"数据条外观"的"颜色"为黑色。设置后单击"确定"按钮关闭对话框即可，如图5-16所示。

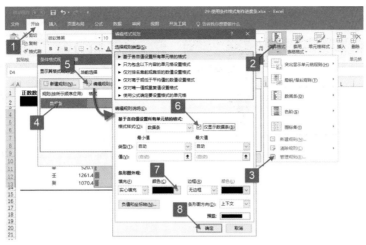

图5-16 管理规则

STEP 03 同样的方法制作正负数据条数据区域，但是负值设置填充与坐标轴显示方式需要在"编辑格式规则"对话框中单击"负值和坐标轴"按钮，打开"负值和坐标轴设置"对话框进行设置，即设置"填充颜色"为蓝色（此处设置的填充颜色为负值的填充颜色）。在"坐标轴设置"处有坐标轴如何显示与坐标轴颜色选项，可根据需要自行设置，单击"确定"按钮关闭对话框即可，如图5-17所示。

最终效果如图5-18所示。

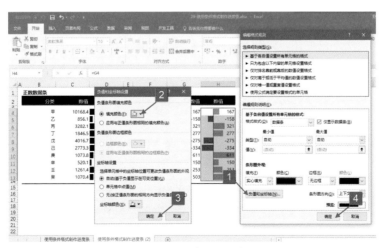

图5-17 设置负值与坐标轴

图5-18　数据条效果图

5.4 魔方百分比

除了以上做法，用户还可以利用条件格式制作如图5-19所示魔方百分比图，这类图表在PPT中的展示效果很不错哦。

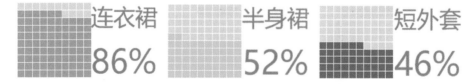

图5-19　魔方百分比

那么，这种美观的魔方图制作起来也是非常简单的，操作步骤如下。

STEP 01 选择C:L列单元格，设置列宽为3.63，选择1:10行单元格，设置行高为24.75，如图5-20所示。将C1:L10单元格区域设置为类似正方形。

STEP 02 选择C1:L10单元格区域，设置单元格填充为灰色，边框为细线，边框颜色为白色，效果如图5-21所示。

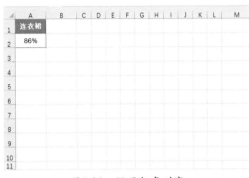

图5-20　设置行高列宽

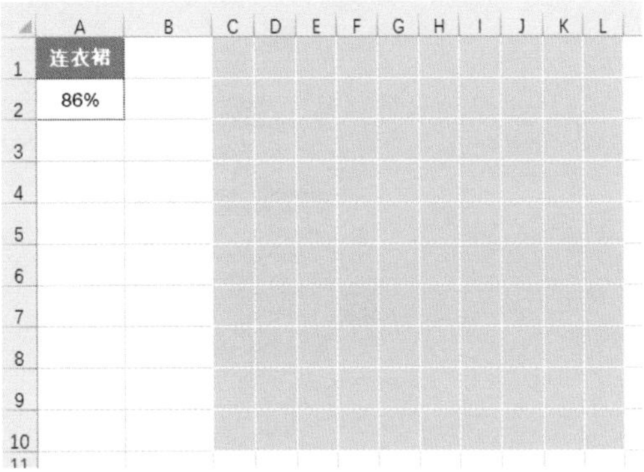

图5-21　设置单元格填充与边框

STEP 03 在C1:L10单元格区域中输入数字，如图5-22所示。

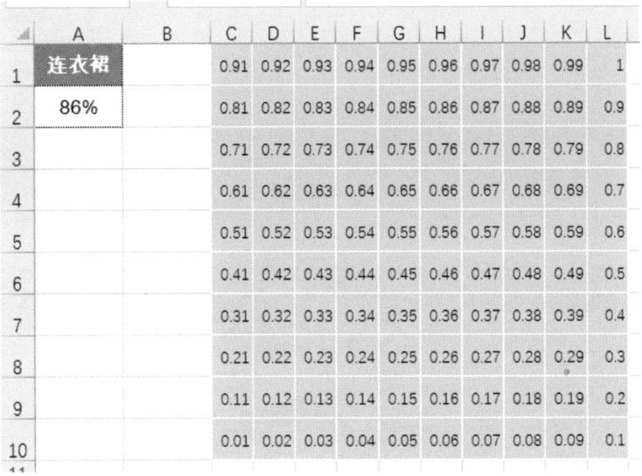

	A	B	C	D	E	F	G	H	I	J	K	L
1	连衣裙		0.91	0.92	0.93	0.94	0.95	0.96	0.97	0.98	0.99	1
2	86%		0.81	0.82	0.83	0.84	0.85	0.86	0.87	0.88	0.89	0.9
3			0.71	0.72	0.73	0.74	0.75	0.76	0.77	0.78	0.79	0.8
4			0.61	0.62	0.63	0.64	0.65	0.66	0.67	0.68	0.69	0.7
5			0.51	0.52	0.53	0.54	0.55	0.56	0.57	0.58	0.59	0.6
6			0.41	0.42	0.43	0.44	0.45	0.46	0.47	0.48	0.49	0.5
7			0.31	0.32	0.33	0.34	0.35	0.36	0.37	0.38	0.39	0.4
8			0.21	0.22	0.23	0.24	0.25	0.26	0.27	0.28	0.29	0.3
9			0.11	0.12	0.13	0.14	0.15	0.16	0.17	0.18	0.19	0.2
10			0.01	0.02	0.03	0.04	0.05	0.06	0.07	0.08	0.09	0.1

图5-22　单元格区域效果

STEP 04 选择C1:L10单元格区域，在"开始"选项卡中选择"条件格式"命令，在下拉菜单中选择"新建规则"选项，打开"新建格式规则"对话框，单击"选择规则类型"中的"使用公式确定要设置格式的单元格"，在"编辑规则说明"中，"为符合此公式的值设置格式"框中输入公式"=C1<=$A$2"。单击"格式"按钮，打开"设置单元格格式"对话框，在对话框中切换到"填充"选项卡，设置填充颜色，最后，单击"确定"按钮关闭对话框，如图5-23所示。

图5-23　设置单元格条件格式

STEP 05 选择C1:L10单元格区域，按Ctrl+1组合键打开"设置单元格格式"对话框，切换到"数字"选项卡，设置"分类"为自定义，在"类型"框中输入三个英文半角的分号";;;"，将单元格中的数字全部隐藏，如图5-24所示。

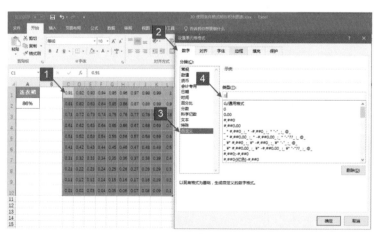

图5-24　设置单元格格式

STEP 06 选择C1:L10单元格区域,按Ctrl+C组合键复制单元格区域,在空白单元格区域右击,在快捷菜单中选择"选择性粘贴"→"链接的图片"命令,将单元格区域粘贴为图片,并且可以跟随单元格区域变化而变化,最后缩小图片,如图5-25所示。

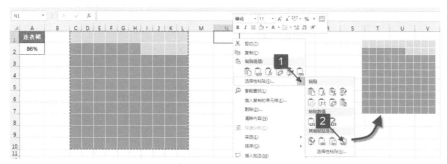

图5-25 粘贴为链接的图片

最后使用文本框制作图表说明文字与数据标签。

假如有多个指标需要制作,可使用同样的方法,在设置条件格式的时候选择不同的单元格填充颜色即可。

5.5 单元格柱形图

除了条件格式之外,还可以在单元格中使用函数公式来制作图表,是不是感觉很意外?如图5-26所示,就是使用函数制作的柱形。

单元格图表做法都很简单,首先我们需要了解一个函数,那就是REPT函数。

REPT(text, number_times)

---

text:必需,需要重复显示的文本。

number-times:必需,用于指定文本重复次数的正数。

可以看出REPT函数是重复一个文本N次的函数。这样我们就可以用形状来指定重复的次数，得到不同的长度，这不正是与图表一样么？

具体操作方法如下。

STEP 01 先将纵向的数据列转置为横向。选择A2:A11单元格区域，按Ctrl+C快捷键复制单元格区域，右击D12单元格，在快捷菜单中选择"选择性粘贴"→"转置"菜单命令。用同样的方法将B2:B11转置到D11:M11单元格区域，如图5-27所示。

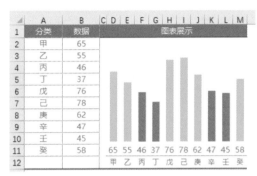

图5-26　单元格柱形图　　　　　　　　　图5-27　转置数据区域

STEP 02 选择D2:D10单元格区域，在"开始"选项卡中设置"字体"为Stencil，"字号"为12，"字体颜色"为橙色，设置"对齐方式"为底端对齐，并设置"合并后居中"，如图5-28所示。

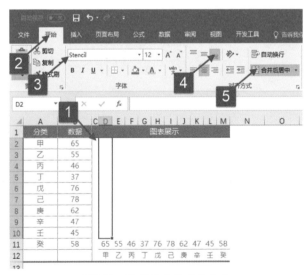

图5-28　设置单元格对齐方式

STEP 03 　在D2:D10单元格输入公式，向右拉至M2:M10单元格。

D2:D10公式：=REPT("|",D11)

STEP 04 　选择D2:M10单元格区域，按Ctrl+1组合键调出"设置单元格格式"对话框，切换到"对齐"选项卡，设置"方向"为90度，单击"确定"按钮，如图5-29所示。

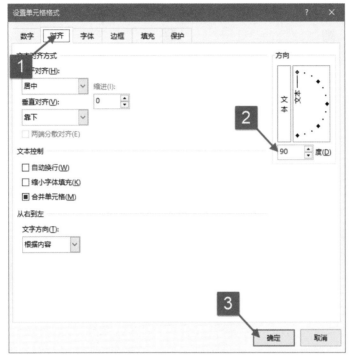

图5-29　设置单元格格式

STEP 05 　选择D2:M10单元格区域，在"开始"选项卡中选择"条件格式"命令，在下拉菜单中选择"新建规则"选项，打开"新建格式规则"对话框，单击"选择规则类型"中的"使用公式确定要设置格式的单元格"，在"编辑规则说明"下的"为符合此公式的值设置格式"框中输入公式"=D\$11<50"。单击"格式"按钮，打开"设置单元格格式"对话框，切换到"字体"选项卡，设置字体"颜色"为灰色，最后单击"确定"按钮关闭对话框，如图5-30所示。这样就可让小于50的柱形显示为灰色，效果如图5-31所示。

图5-30　设置单元格条件格式

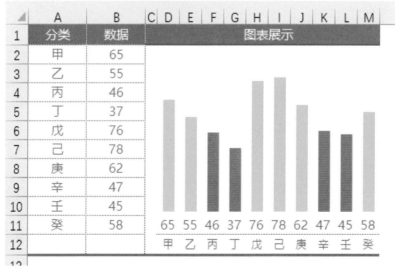

图5-31　单元格柱形图

根据以上单元格柱形图的做法，我们还可以制作单元格条形图，如图5-32所示。

	A	B	C
1	标签	数据	图表展示
2	甲	63	
3	乙	30	
4	丙	49	
5	丁	34	
6	戊	64	
7	己	85	
8	庚	97	
9	辛	42	
10	壬	34	
11	癸	49	

图5-32　单元格条形图

其做法与单元格柱形图一样。

STEP 01　选择C2:C11单元格区域，在"开始"选项卡中设置"字体"为Stencil，"字号"为14，"字体颜色"为橙色，设置"对齐方式"为左对齐。

STEP 02　在C2单元格中输入公式，复制公式至C11单元格。

```
=REPT("|",B2)
```

STEP 03　选择C2:C11单元格区域，在"开始"选项卡中选择"条件格式"命令，在下拉菜单中选择"新建规则"选项，打开"新建格式规则"对话框，单击"选择规则类型"中的"使用公式确定要设置格式的单元格"，在"编辑规则说明"下的"为符合此公式的值设置格式"框中输入公式"=$B2=MAX($B$2:$B$11)"。单击"格式"按钮，打开"设置单元格格式"对话框，切换到"字体"选项卡，设置字体"颜色"为红色，最后单击"确定"按钮关闭对话框。这样即将最大值的条形设置为红色。

5.7 单元格漏斗图与金字塔

根据上面的做法，我们还可以将数据做成漏斗图。如图5-33所示，将数据降序排序，然后将单元格"对齐方式"设置为居中。输入公式"=REPT("|",C4/10)。"此处使用数字除以10，是因为数字稍微有点大，柱形太长，所以除以10可以更好地显示柱形。

同样，也可以将数据升序，制作成金字塔图表，如图5-34所示。

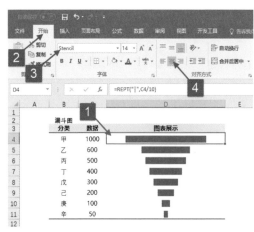

图5-33　单元格漏斗图

图5-34　单元格金字塔图

5.8　单元格两级图

同样，我们还可以将两个数据的表格做成两级图。在G2单元格中输入公式，向下复制至G7单元格，并设置"对齐方式"为右对齐，如图5-35所示。

`=TEXT(B2,"0%")&" "&REPT("|",B2*200)`

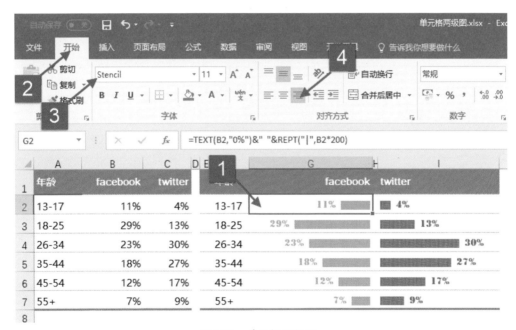

图5-35　单元格两级图

在I2单元格中输入公式，向下复制至I7单元格，并设置"对齐方式"为左对齐，如图5-36所示。

`=REPT("|",C2*200)&" "&TEXT(C2,"0%")`

图5-36　单元格两级图

{第6章}

交互式图表

楠楠：看到很多人说动态图表，感觉好高大上，动态图表到底是什么原理呢？

我：Excel中实现交互式图表的方式有很多，使用自动筛选筛选数据、切片器筛选数据、函数动态选择数据等方式均可以达到图表动态。动态图表本质为数据在变化，数据变化图表才会跟着变化，数据变化才能起到交互式作用。

图6-1使用了一个简单的柱形图展示了一份2011年至2016年各个季度的数值对比，如果需要从现有的数据与图表中筛选符合条件的数据进行展示，就可以使用Excel的自动筛选功能，制作动态效果的图表。

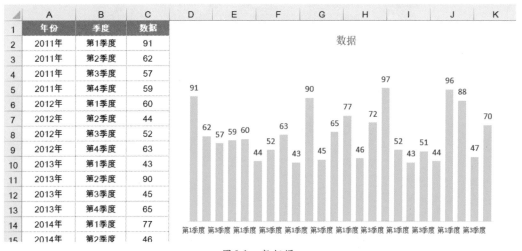

图6-1　数据源

STEP 01　选择A1:C1单元格区域，在"数据"选项卡中选择"筛选"命令，添加筛选功能，如图6-2所示。

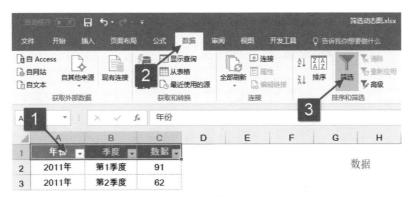

图6-2　添加自动筛选

STEP 02 😯　双击柱形图图表区，打开"设置图表区格式"选项窗格。单击"图表选项"选项卡，在"大小与属性"选项下设置"属性"为"不随单元格改变位置和大小"，如图6-3所示。

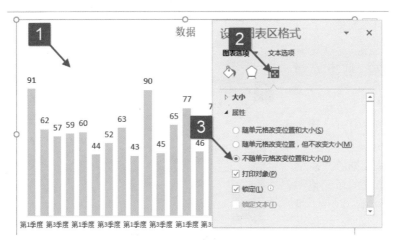

图6-3　设置图表区格式

楠楠：为什么要设置属性呢？

我：因筛选时部分数据行会被隐藏，图表"属性"为"随单元格改变位置和大小"时，隐藏数据行，图表也会跟着隐藏一部分，使得图表整体变短，甚至会完全隐藏。你可以几个属性都设置一下，然后看看有什么不同哦。

STEP 03 单击数据表字段名右下角的筛选按钮，勾选要显示的年份，最后单击"确定"按钮，可得到筛选后的数据源与图表，如图6-4所示。

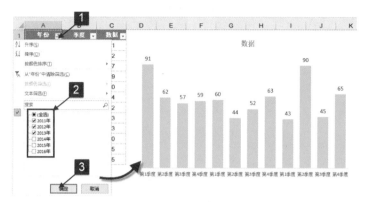

图6-4　筛选

如果设置了"显示隐藏行列中的数据"命令，将会使自动筛选动态图失效。设置如下。

STEP 04 选中图表后，在"图表工具"下的"设计"选项卡中单击"选择数据"按钮，打开"选择数据源"对话框。

在"选择数据源"对话框中单击"隐藏的单元格和空单元格"按钮，打开"隐藏和空单元格设置"对话框，勾选"显示隐藏行列中的数据"复选框，最后单击"确定"按钮关闭对话框，如图6-5所示。

筛选后图表仍然是全部显示状态，如图6-6所示。

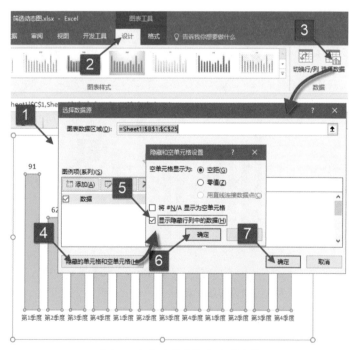

图6-5　隐藏的单元格和空单元格

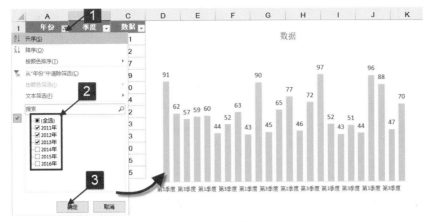

图6-6　筛选

　　"隐藏和空单元格设置"对话框中的"空单元格显示为"功能在折线图与面积图中比较常用，三个选项分别为：空距、零值、用直线连接数据点，图6-7展示了三个不同设置的折线图表现效果。

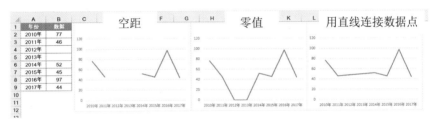

图6-7　空单元格不同设置展示

　　图6-8展示了某公司各地区上半年的销售数据，如果简单地使用所有数据做图，图表会显得比较杂乱，我们可以利用数据验证与函数结合，来制作动态显示各地区销售数据的柱形图。

操作步骤如下。

STEP 01 选中A1:G1单元格区域，按Ctrl+C组合键复制，单击A9单元格，按Ctrl+V组合键粘贴。

单击A10单元格，在"数据"选项卡中选择"数据验证"命令，打开"数据验证"对话框。在"允许"下拉列表中选择"序列"，单击"来源"编辑框右侧的折叠按钮选择A2:A7单元格区域，最后单击"确定"按钮关闭对话框，如图6-9所示。

	A	B	C	D	E	F	G
1	地区	1月	2月	3月	4月	5月	6月
2	广东	46	37	77	79	94	69
3	湖南	57	67	46	47	84	79
4	四川	63	93	78	79	98	55
5	湖北	37	81	94	47	63	49
6	贵州	68	48	32	78	94	37
7	陕西	76	41	66	38	42	86
8							

图6-8　销售数据

图6-9　设置数据验证

STEP 02 在B10单元格输入以下公式，向右复制到G10单元格，如图6-10所示。

`=VLOOKUP($A10,$A2:$G7,COLUMN(B1),)`

公式中的COLUMN(B1)用于返回列号，随着公式右拉，形成递增序列2、3、4…。以此作为VLOOKUP函数的第三参数，用于返回不同列的内容，得到A10单元格中的地区对应的销售数据。

STEP 03 选中A10:G10单元格区域，在"插入"选项卡中选择"插入柱形图或条形图"命令，选择"簇状柱形图"。

STEP 04 美化柱形图，将柱形图对齐到单元格，在I1单元格中输入以下公式作为图表标题，可根据数据验证单元格的变化而变化，如图6-11所示。

> I1单元格公式：=A10&"地区上半年销售数据"

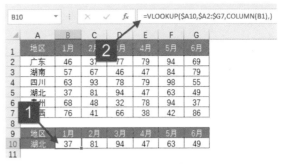

图6-10 数据构建

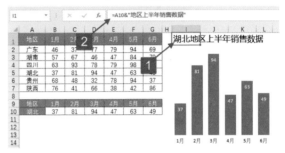

图6-11 设置图表标题

STEP 05 单击A10单元格的下拉按钮，根据需要选择地区。随着A10单元格的变化，B10:G10单元格区域中的数据、图表、图表标题也会随之变化，如图6-12所示。

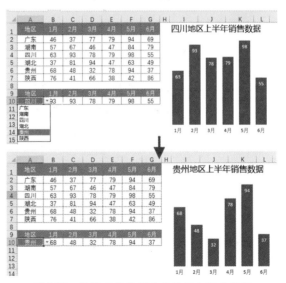

图6-12 使用下拉选项改变数据与图表效果

6.3 组合框动态图表

使用数据验证制作的动态图表，数据均写在单元格中，如果想要将数据隐藏，可以使用控件中的组合框来制作同样效果的柱形图，如图6-13所示。

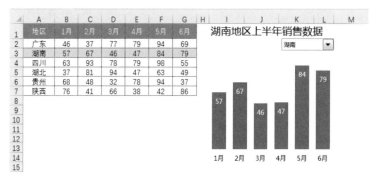

图6-13　组合框柱动态柱形图

操作步骤如下。

STEP 01 单击任意单元格，在"开发工具"选项卡中选择"插入"命令，选择"组合框(窗体控件)"按钮，在工作表中绘制一个组合框，如图6-14所示。

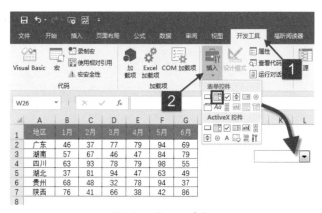

图6-14　插入组合框

STEP 02 在滚动条上单击鼠标右键，在弹出的快捷菜单中选择"设置控件格式"命令，打开"设置对象格式"对话框。切换到"控制"选项卡，将"数据源区域"设置为$A$2:$A$7，"单元格连接"设置为$H$1，"下拉显示项数"设置为6，最后单击"确定"按钮关闭对话框，如图6-15所示。

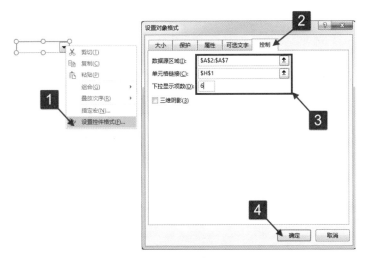

图6-15　设置组合框格式

设置控件后单击任意一个单元格，退出控件设置模式，单击下拉框选择地区，连接的单元格H1中会根据选择的地区显示对应的数字，如图6-16所示。

	A	B	C	D	E	F	G	H	I	J	K	L
1	地区	1月	2月	3月	4月	5月	6月	3		四川		
2	广东	46	37	77	79	94	69					
3	湖南	57	67	46	47	84	79					
4	四川	63	93	78	79	98	55					
5	湖北	37	81	94	47	63	49					
6	贵州	68	48	32	78	94	37					
7	陕西	76	41	66	38	42	86					
8												

图6-16　连接单元格的变化

STEP 03 在"公式"选项卡中选择"定义名称"命令，打开"编辑名称"对话框。在"编辑名称"对话框中的"名称"编辑框中输入data，在"引用位置"编辑框输入以下公式，最后单击"确定"按钮关闭对话框，如图6-17所示。

=OFFSET($B$1:$G$1,$Q$1,0)

图6-17　定义名称公式

STEP 04 选中A1:G2单元格区域，在"插入"选项卡中选择"插入柱形图或条形图"命令，选择"簇状柱形图"命令。

STEP 05 单击图表数据系列，在编辑栏中修改公式的第三参数，将定义的名称作为公式的第三参数，如图6-18所示。

注意

　　在图表中使用定义名称作为参数时，定义名称前必须同时输入工作表名称加感叹号"！"，如sheet！data。

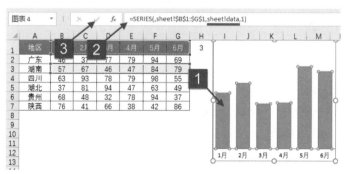

图6-18　更改图表公式参数

除了直接在编辑栏更改公式参数外，还可以右击图表，在快捷菜单中选择"选择数据"命令，打开"选择数据源"对话框。选择要更改的系列，单击"编辑"按钮，打开"编辑数据系列"对话框。将"系列值"中的数据删除，然后在"系列值"编辑框中输入以下公式，最后单击"确定"按钮关闭对话框，如图6-19所示。

=sheet!data

提示

　　鼠标停在"系列值"输入框中，单击工作表标签，可以快速地输入工作表名称。

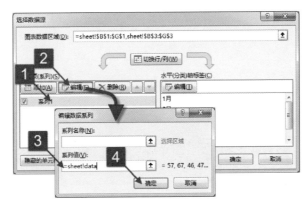

图6-19　选择数据对话框编辑数据系列值

STEP 06　美化柱形图，将柱形图对齐到单元格，在I1单元格中输入以下公式作为图表标题，可根据控件的变化而变化。

=INDEX(A2:A7,Q1,)&"地区上半年销售数据"

为了在表格中突出显示对应的地区数据，可以使用条件格式设置填充格式。

STEP 07　选中A2:G6单元格区域，依次选择"开始"→"条件格式"→"新建规则"命令，打开"新建格式规则"对话框。单击"使用公式确定要设置格式的单元格"，在"为符合此公式的值设置格式"编辑框中输入以下公式。

=ROW(A1)=$H$1

单击"格式"按钮打开"设置单元格格式"对话框。切换到"填充"选项卡，将填充

"颜色"设置为浅灰色，最后单击"确定"按钮关闭对话框。

STEP 08 😈 单击组合框下拉选项选择地区，图表与表格变化如图6-20所示。

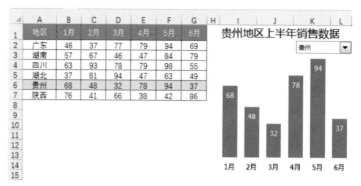

图6-20 组合框动态图表

6.4 表格与切片器动态图

Excel除了可以使用自动筛选进行筛选数据之外，还可以使用切片器进行筛选，切片器比自动筛选更直观更智能。

STEP 01 😈 在数据源中单击任意一个单元格，如A1，在"插入"选项卡中选择"表格"命令，打开"创建表"对话框，勾选"表包含标题"复选框，最后单击"确定"按钮，将数据表转换为"表格"形式，如图6-21所示。

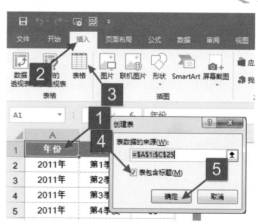

图6-21 插入表格

STEP 02 选择A1单元格，在"插入"选项卡中选择"切片器"命令，打开"插入切片器"对话框，在"插入切片器"对话框中勾选需要进行筛选的字段，如"季度"，单击"确定"按钮关闭对话框，如图6-22所示。

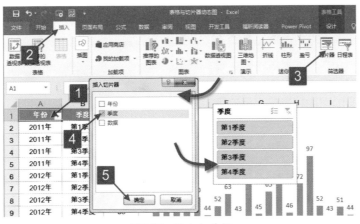

图6-22　插入切片器

我们只需要在切片器中单击分类项进行选择，即可完成数据与图表的筛选，如图6-23所示。

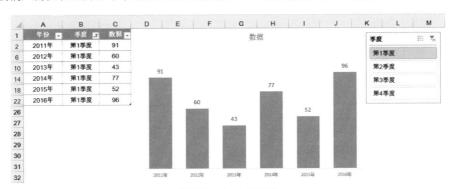

图6-23　切片器筛选

如果需要多选分类项，可以先单击切片器左上角的"多选"按钮，然后依次单击分类项进行选择。或者单击分类项后按住Ctrl键多选分类项。

如果想释放筛选，也可以单击切片器右上角的"清除筛选器"按钮，如图6-24所示。

图6-24　清除筛选器

6.5 数据透视图与切片器动态图

切片器除了在表格中使用，更常用于数据透视表与数据透视图中。图6-25展示了一份各地区各产品的销售数据表，用户需要对每个地区不同产品的数据进行展示，可以使用数据透视图与切片器结合动态展示数据。

STEP 01 选择A1单元格，在"插入"选项卡中选择"数据透视图"命令，打开"创建数据透视图"对话框，在"创建数据透视图"对话框中勾选"现有工作表"单选按钮，"位置"选择H1单元格，最后单击"确定"按钮，插入一个默认效果的数据透视图，如图6-26所示。

	A	B	C	D	E	F
1	地区	产品名称	订购日期	数量	单价	总价
2	东北	化妆水	2016/10/26	49	194	9506
3	华东	化妆水	2016/10/30	4	2	8
4	华东	化妆水	2016/11/3	50	13	650
5	东北	化妆水	2016/11/14	10	246	2460
6	华南	化妆水	2016/12/2	20	242	4840
7	华东	化妆水	2016/12/2	30	289	8670
8	华北	化妆水	2016/12/10	30	199	5970
9	华北	化妆水	2016/12/24	50	68	3400
10	华南	化妆水	2016/12/31	20	241	4820
11	华北	化妆水	2017/1/4	15	89	1335
12	华北	化妆水	2017/1/13	40	135	5400

图6-25 销售数据表

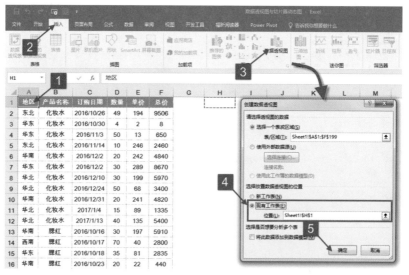

图6-26 插入透视图

STEP 02 单击选中数据透视图图表区，在"数据透视图字段"窗口中依次将"产品名称"字段拖到"轴（类别）"区域，将"总价"字段拖到"值"区域，将"地区"字段拖到"筛选"区域，如图6-27所示。

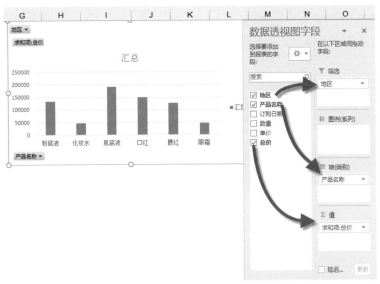

图6-27　数据透视图字段

这时候我们可以单击图表上的"地区"筛选按钮，在下拉选项中选择"华东"，单击"确定"按钮可完成图表的筛选，如图6-28所示。

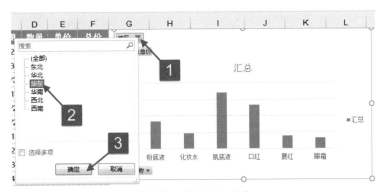

图6-28　筛选按钮筛选

虽然使用筛选按钮可以对数据图进行筛选，但是还是没有"切片器"方便直观。

STEP 03 😯 单击数据透视图图表区，在"数据透视图工具"下的"分析"选项卡中选择"字段按钮"命令，将透视图中的字段按钮隐藏，如图6-29所示。

STEP 04 😯 单击数据透视图图表区，在"插入"选项卡中选择"切片器"命令，打开"插入切片器"对话框，在"插入切片器"对话框中勾选需要进行筛选的字段，如"地区"，单击"确定"按钮关闭对话框。

用户也可以在"数据透视图工具"下的"分析"选项卡中选择"插入切片器"命令。

在切片器中单击任意地区分类项，即可实现对数据与透视图的动态筛选。

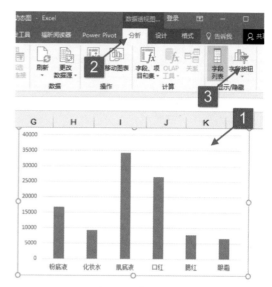

图6-29　字段按钮

6.6 数据透视表与切片器动态图

除了可以使用数据透视图与切片器组合外，我们还可以利用数据透视表与切片器，制作不一样的图表，如图6-30所示的数据，展示了各地区各产品的完成率，如果使用透视图制作的话，只有默认的柱形图或者折线图等。无法做到如图6-31所示的效果。所以我们只能利用透视表，然后利用单元格与条件格式来制作。

操作步骤如下。

	A	B	C
1	地区	产品名称	完成率
2	华北	绿茶	36%
3	华北	蜜桃汁	94%
4	华北	牛奶	86%
5	华北	啤酒	59%
6	华北	苹果汁	23%
7	华北	汽水	17%
8	华南	绿茶	67%

图6-30　数据源

STEP 01 选择A1单元格，在"插入"选项卡中选择"数据透视表"命令，打开"创建数据透视表"对话框，在"创建数据透视表"对话框中勾选"现有工作表"单选按钮，"位置"选择E1单元格，最后单击"确定"按钮，插入一个默认效果的数据透视表。

STEP 02 单击选中数据透视表区，在"数据透视表字段"窗口中依次将"产品名称"字段拖到"行"区域，将"完成率"字段拖到"值"区域，如图6-32所示。

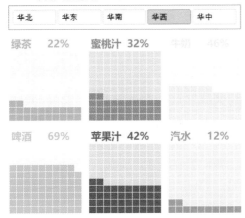

图6-31　动态百分比图表

图6-32　设置透视表字段

STEP 03 单击数据透视表任意一个单元格，在"插入"选项卡中选择"切片器"命令，打开"插入切片器"对话框，在"插入切片器"对话框中勾选需要进行筛选的字段，如"地区"，单击"确定"按钮关闭对话框。

STEP 04 单击切片器，在"切片器工具"中的"选项"选项卡中设置"列"为5，将切片器选项设置为横向显示，如图6-33所示。

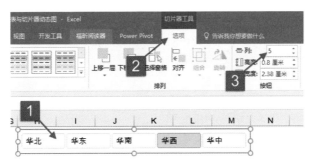

图6-33　设置切片器列数

STEP 05 插入一个新工作表，重新命名为"图表"，在图表工作表中制作百分比图表。具体操作步骤参阅5.4图表操作步骤。

最后在对应的百分比图表上引用透视表中对应的完成率数据，将切片器剪切到"图表"工作表，完成排版如图6-34所示。

楠楠：啊，按照这样，除了可以使用这种魔方百分比图表外，还可以使用之前学的菱形圆环图、菱形饼图，或者其他圆环图来完成了，对吧？

我：是的是的。

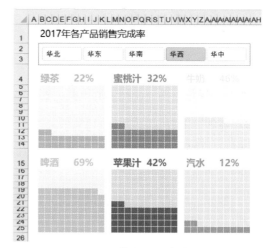

图6-34　排版后图表效果

6.7 单选框动态折线图

如果折线图的数据系列比较多，会显得比较杂乱。使用单选控件与定义名称公式来制作折线图，动态选择某一系列后使其突出显示，能够使图表更加直观，如图6-35所示。

操作步骤如下。

STEP 01 选择B1:N6单元格区域，在"插入"选项卡中单击"插入折线图或面积图"命令，选择"折线图"，在工作表中生成一个折线图。

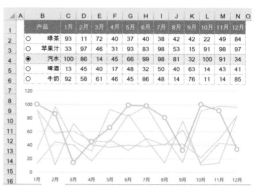

图6-35　动态选择系列折线图

将折线图所有系列的"线条颜色"设置为浅灰色，如图6-36所示。

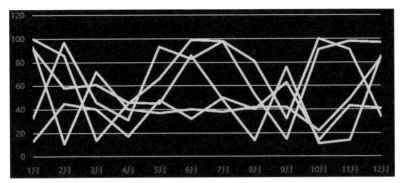

图6-36　折线图

设置一个系列"线条颜色"为浅灰色后，单击其他系列后按F4功能键可以快速重复上一次操作。

插入控件。

STEP 02　单击任意单元格，在"开发工具"选项卡中依次选择"插入"→"选项按钮(窗体控件)"命令，在工作表中绘制一个选项按钮，如图6-37所示。

STEP 03　在选项按钮上右击，在快捷菜单中单击"设置控件格式"，打开"设置控件格式"对话框。切换到"控制"选项卡，设置"单元格链接"为P1单元格，单击"确定"按钮关闭对话框。

STEP 04　单击选项按钮，将选项按钮中的文本删除，然后拖动选项按钮，按住Alt键快速对齐到B2单元格中。

STEP 05　按住Ctrl键拖动选项按钮，复制选项按钮对齐到B3单元格中，依

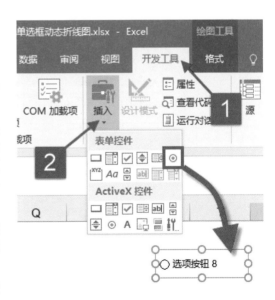

图6-37　插入控件

次复制5个选项按钮对齐到对应的产品名称单元格中，如图6-38所示。

	A	B	C	D	E	F	G	H	I	J	K	L	M	N	O
1		产品	1月	2月	3月	4月	5月	6月	7月	8月	9月	10月	11月	12月	
2	○	绿茶	93	11	72	40	37	40	38	42	42	22	49	84	
3	○	苹果汁	33	97	46	31	93	83	98	53	15	91	98	97	
4	◉	汽水	100	86	14	45	66	99	98	81	32	100	91	34	
5	○	啤酒	13	45	40	17	48	32	50	40	63	14	43	41	
6	○	牛奶	92	58	61	46	45	86	48	14	76	11	14	85	

图6-38　复制并对齐选项按钮

定义名称。

STEP 06　在"公式"选项卡中选择"定义名称"命令，打开"新建名称"对话框。
在"新建名称"对话框中的"名称"编辑框中输入data，在"引用位置"编辑框中输入以下公式，最后单击"确定"按钮关闭对话框。

=OFFSET($C$1:$N$1, $P$1,)

OFFSET函数以C1:N1单元格区域为基点，向下偏移的行数由P1单元格中的数值指定。
添加新系列。

STEP 07　右击图表，在快捷菜单中选择"选择数据"命令，打开"选择数据源"对话框。在"选择数据源"对话框中选择"添加"命令，打开"编辑数据系列"对话框。在"系列值"编辑框中输入公式"=Sheet1!data"，最后，依次单击"确定"按钮关闭对话框。
添加新系列后的图表效果如图6-39所示。

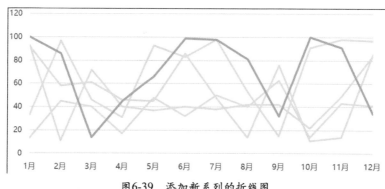

图6-39　添加新系列的折线图

为表格添加条件格式。

STEP 08 ☺ 选中B2:N6单元格区域，依次选择"开始"→"条件格式"→"新建规则"命令，打开"新建格式规则"对话框。单击"使用公式确定要设置格式的单元格"，在"为符合此公式的值设置格式"编辑框中输入以下公式。

=ROW(A1)=$P$1

单击"格式"按钮打开"设置单元格格式"对话框。切换到"填充"选项卡，将填充"颜色"设置为浅橙色，最后，单击"确定"按钮关闭对话框。

最后设置图表新数据系列的线条颜色和标记类型、大小。

制作完成后，单击B列对应的产品单元格，控件链接的单元格数字发生变化，数据源中突出显示对应的数据，同时图表也随之动态变化，如图6-40所示。

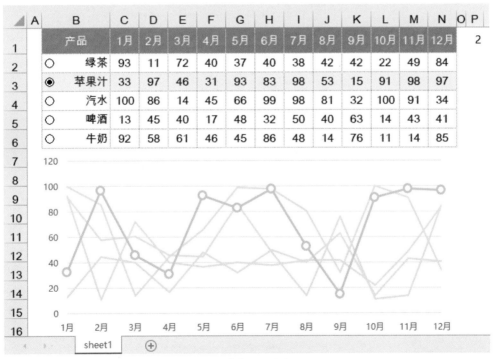

图6-40　单选框动态折线图

利用函数结合VBA代码制作动态图表，当鼠标悬停在某一选项上时，图表能够自动展示对应的数据系列，如图6-41所示。

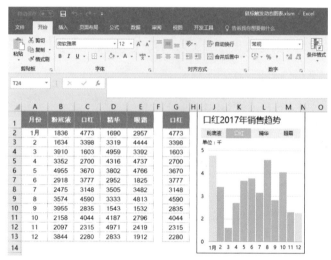

图6-41　鼠标触发动态图表

操作步骤如下。

STEP 01　按Alt+F11组合键打开VBE窗口，在VBE窗口中依次选择"插入"→"模块"命令，然后在模块代码窗口中输入以下代码，最后关闭VBE窗口，如图6-42所示。

```
Function techart(rng As Range)
    Sheet1.[g1] = rng.Value
End Function
```

楠楠：这个代码什么意思啊？Sheet1.[g1]是什么意思？

我：这是在VBE里面自定义一个名为techart的函数。代码中的Sheet1.[g1]为当前工作表的G1单元格，G1单元格主要用来获取触发后的分类，可根据实际表格情况设置单元格地址。

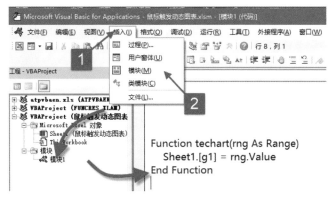

图6-42　插入模块并输入代码

STEP 02　在G1单元格中任意输入一个分类名称，如口红，在G2单元格中输入以下公式，向下复制到G13单元格，如图6-43所示。

```
=HLOOKUP(G$1,B$1:E2,ROW(),)
```

STEP 03　选中G1:G13单元格区域，在"插入"选项卡中选择"插入柱形图或条形图"命令，选择"簇状柱形图"。

单击图表柱形系列，在编辑栏更改SERIES函数第二参数为A2:A13单元格区域，美化图表，如图6-44所示。

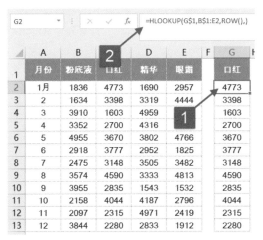

图6-43　构建辅助列

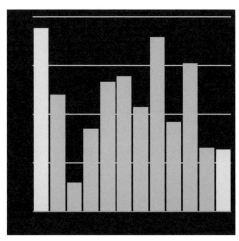

图6-44　美化图表效果

STEP 04 使用公式制作动态分类。

选中J2单元格，输入以下公式。

=IFERROR(HYPERLINK(techart(B1)),B1)

选中K2单元格，输入以下公式。

=IFERROR(HYPERLINK(techart(C1)),C1)

选中L2单元格，输入以下公式。

=IFERROR(HYPERLINK(techart(D1)),D1)

选中M2单元格，输入以下公式。

=IFERROR(HYPERLINK(techart(E1)),E1)

公式中的techart，是之前在VBE代码中自定义的函数，将各产品的列标签单元格引用作为自定义函数的参数，再使用HYPERLINK函数触发自定义函数。由于HYPERLINK的结果会返回错误值，因此使用IFERROR屏蔽错误值，将错误值显示为对应的产品名称。

提示

HYPERLINK函数，创建了一个超链接，当鼠标移动到超链接上时，会出现"屏幕提示"，同时鼠标指针由"正常选择"切换为"链接选择"，当鼠标停留在超链接文本上时，超链接会读取HYPERLINK函数的第一参数返回的路径，作为"屏幕提示"的内容，此时，就会触发执行第一参数中的自定义函数。

设置单元格条件格式。

STEP 05 选择J2:M2单元格区域，设置"填充颜色"为浅绿色。然后依次选择"开始"→"条件格式"→"新建规则"命令，打开"新建格式规则"对话框。单击"使用公式确定要设置格式的单元格"，然后在"为符合此公式的值设置格式"编辑框中输入以下公式。

=J2=$G$1

STEP 06 单击"格式"按钮打开"设置单元格格式"对话框。切换到"字体"选项卡，设置字体颜色为白色。再切换到"填充"选项卡，设置填充颜色为绿色。最后单击

"确定"按钮关闭对话框。设置条件格式的作用是凸显当前触发的产品名称。

STEP 07 在J1单元格输入以下公式作为动态图表的标题。设置后将图表与单元格对齐。

=G1&"2017年销售趋势"

至此,图表制作完成。由于使用了VBA代码,所以要将工作簿保存为"Excel 启用宏的工作簿(*.xlsm)"格式,最终效果如图6-45所示。

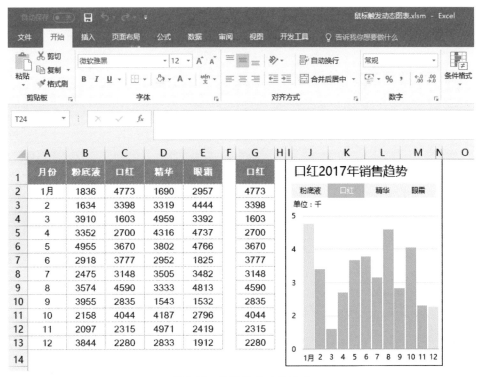

图6-45 鼠标触发动态图表

楠楠:好神奇。感觉交互式图表好像也没那么难,主要还是要基础牢固,然后利用各种技能来实现就很容易了。

我:是的,只要会了基础图表,知道实质的原理,什么动态图表、销售仪表看板都不是问题。

可以结合前面学的各种单一图表,设置颜色主题,排版在一起就可以成为一个特别美观的销售仪表看板了。如果不知道怎么设置颜色,可以多参考一些商业图表配色与各种设计海报，从中提取颜色来设计看板。

现在用户更多地会使用一些更专业的仪表看板工具来制作，另外，也有一些在线生成看板的网站，因此，Excel这些基础知识对于新手来说还是必须要掌握的。俗话说"技多不压身"。学会了一种工具，其他工具就不再是难事了。

楠楠：哈哈，嗯，我得好好把这些基础给学透。